国家级"十三五"规划教材(艺术设计专业)

Photoshop CC 2019 实战教程
——设计师之路

主编　赵鹏涛

天津大学出版社
TIANJIN UNIVERSITY PRESS

图书在版编目(CIP)数据

Photoshop CC 2019实战教程：设计师之路 / 赵鹏
涛主编. — 天津：天津大学出版社, 2019.1
国家级"十三五"规划教材. 艺术设计专业
ISBN 978-7-5618-6358-9

Ⅰ.①P… Ⅱ.①赵… Ⅲ.①平面设计－图象处理软
件－高等学校－教材 Ⅳ.①TP391.413

中国版本图书馆CIP数据核字(2019)第027017号

出版发行	天津大学出版社	
地　　址	天津市卫津路92号天津大学内(邮编:300072)	
电　　话	发行部:022-27403647	
网　　址	publish.tju.edu.cn	
印　　刷	天津泰宇印务有限公司	
经　　销	全国各地新华书店	
开　　本	185mm×260mm	
印　　张	12.25	
字　　数	306千	
版　　次	2019年1月第1版	
印　　次	2019年1月第1次	
定　　价	68.00元（全彩色）	

编　委　会

前　　言

　　1987 年，正在美国密歇根大学攻读博士学位的研究生 Thomes Knoll，编写了一个程序名为 Display。之后他与哥哥 John 合作，把这个程序更名为 Photoshop。后来 Adobe 公司收购了 Photoshop，Adobe 公司集中了众多优秀的图像设计及软件编程专家和工程师对其进行完善和开发，于是 Photoshop 开始进入一个快速成长、不断发展的新阶段，终于成为统治全球图像处理软件的权威老大。

　　目前，软件的最高版本为 Photoshop CC 2019，以后肯定还会不断有新版本推出。但笔者认为，不是版本越高就越好用，版本高、功能全会占用很大内存，计算机运行速度会降低，相反熟悉的老版本会增加工作效率。当然，高版本确实增加了很多实用的功能，比如低版本就没有动画、3D 等功能；高版本在操作鼠标停留在某工具时，会出现动画来演示工具的功能，为初学者提供方便。笔者建议在确实感到有使用需要时再升级。实际上，熟练掌握古老的 5.0 版本的设计师，在使用最新的版本时，几天的时间就能熟练操作，因为在升级过程中软件的基本操作界面以及命令是没有变化的，比软件功能更重要的是设计师的设计思维。所以软件只是设计的工具，而不要误认为会使用软件就会做设计。

　　笔者从 1998 年开始接触并熟识 Photoshop，从 5.0 版本用起，经历了十几个版本的更迭，可以说见证和实践了 Photoshop 在中国的发展。笔者从事相关软件和设计教学十余载，并大量参与社会项目，积累了丰富的实践应用经验，逐渐形成了比较实用、高效的教学方法。

　　本书有如下五大特色。

　　一是贴近工作实战。全书按 64 课时制订学习计划，有针对性地拟订了 16 套实践案例（教师教学或学生学习可根据实际需要调整优化）。案例从平面设计、室内设计、环艺设计、动画设计到 UI 设计均有涉猎，适用于艺术设计相关的包括平面设计、环境艺术设计、装潢艺术设计、工业设计（艺术类）、游戏动画、服装设计、展示设计等专业的学生和社会爱好者学习使用。初学者在学会软件不同命令操作的同时，实际上也完成了一次设计应用实践，对其今后的专业学习和从业实践更有帮助。

　　二是强调设计理念。本书不追求华而不实的特效，更多的是关注设计理念。大家知道，Photoshop 具有强大的图像处理功能，但笔者多年实践认为，其实电脑作为设计实践的工具，在设计功能上和画笔没有什么区别，都是帮助设计师完成设计理念的工具而已，而设计师更多地应该考虑设计的艺术性和创意性，而不应沉迷于 Photoshop 这些华丽的特效，要知道这只是它帮助设计师实现艺术创作的手段，而不是目的。有些案例几十步的操作，简直要把初学者搞晕，虽然效果绚丽，但对这些特效的追求往往就忽略了设计本身的意义。

　　三是重点浓缩精炼。重点阐述最实用和常用的部分，节约宝贵时间。有些教材从最基础的安装、卸载、打开、保存等开始讲起，其实数码时代的人群对这些早就再熟悉不过了；而有些命令可能在设计实践中一年也用不到一次,反而用了很大的篇幅去介绍它。在实践中,Photoshop 的很多命令也是不常用到的,所以本书最看重的是实际操作的应用。

四是引入实操技巧。结合案例,引入实操知识。比如,第九章引入印刷知识,可以说与实际工作结合紧密。

五是语言简洁易懂。笔者引入工作、生活中的通俗语言,简洁风趣,避免通篇术语,读起来晦涩难懂,使初学者更容易理解、记忆和掌握。

本书的编写得到了责任编辑崔成山的鼎力支持,在此表示衷心感谢!本书各章节编写人员为赵鹏涛第一章,庄涛文第二章,李佳蔚第三章,刘涛第四章,杨明慧第五章,谢小林第六章,康楠第七章,傅潇第八章,李卡妮第九章,刘娉第十章,张小玲第十一章,牛双华第十二章,晁洪娜第十三章,弋玮玮第十四章,潘熙第十五章,吴林霖第十六章。

编　者

2019 年于重庆

目　　录

第一章 初识 Photoshop

（Hello, PS 君）

第一节 基础知识

一、Photoshop 简介

美国的 Adobe 公司成立于 1982 年，是一家集绘图软件与桌面排版软件为一体的大型软件公司。该公司推出的为大家所熟知的软件有：Photoshop（图像处理软件）、PageMaker（桌面排版）、Illustrator（矢量绘图软件）、After Effect（影视后期制作）……后来该公司又收购了"网页三剑客"：Dreamweaver、Fireworks 和 Flash。十几年前同学们戏称的"啊倒闭"公司，不但没倒闭，反而越做越辉煌。图 1.1 为 Photoshop CC 2019 的启动界面。

图 1.1 Photoshop CC 2019 启动界面

时至今日，Adobe 公司对各种软件核心技术的掌握，使得 Photoshop 羽翼日丰，功能越来越强大，现已广泛应用于平面设计、图像处理（婚纱摄影）、图形合成（电脑图像）、网页制作、室内（外）设计（效果图后期）、影视动画、游戏设计（原画）等行业和领域。

"Photoshop"，中文直译过来就是"照片商店"的意思，它为何而生，一目了然。

二、基础理论知识

1. 位图和矢量图

平面设计软件按工作方式与原理可分为：位图软件和矢量软件。

位图是指在位图软件中生成的图形，如 Photoshop。它的特点是由像素组成（像素是一些颜色点，是组成位图的基本单位）；颜色丰富，色彩过渡自然；对硬盘与内存的要求较高；放大时会失真，边缘会出现锯齿，画面会出现马赛克效果。各种数码产品拍摄的照片及扫描仪的成像图都是位图。

矢量图是指在矢量软件中生成的图形，如 Illustrator 和 CorelDRAW（加拿大 Corel 公司出品）。它的特点是颜色单调，不易生成色彩丰富的图形；占用硬盘和内存相对较小；放大时不会影响图形质量，特别适用于标志、图形和文字等的处理。

相较于 Illustrator，Photoshop 更适合做图像的前期处理。很多设计师习惯用 Illustrator 进行排版，但实际上只要电脑配置足够高，Photoshop 也一样有强大的排版功能。在从事设计工作时，具体选择何种软件有时也取决于公司的传统，比如公司的首席设计师习惯使用 CorelDRAW 排版，那么其他员工也只能使用 CorelDRAW。而 Photoshop 作为最主流的位图处理软件，是不可替代的，所以无论如何，Photoshop 都是设计师必须掌握的基础设计软件。

2. 分辨率

分辨率是指单位面积内像素的个数，直接影响到图像的质量。一般分辨率越大，像素越多，图像越清晰，文件也越大。

在电脑设置尺寸与打印或印刷等输出尺寸一致的情况下，印刷、写真输出的图像分辨率为 300 像素 / 英寸；美容产品的印刷写真资料对分辨率要求较高，会达到 350 像素 / 英寸；户外大幅广告的喷绘图像分辨率为 72 像素 / 英寸；网页制作的图像分辨率为 72 像素 / 英寸。

分辨率越高占用内存就越大，所以不同目的的输出需要采用相应的分辨率，否则巨大的文件占用硬盘和内存，会拖慢电脑，降低工作效率。

3. 界面布局

Photoshop 界面设有菜单栏、标题栏、属性栏、工具箱、控制面板、状态栏、图像窗口，界面布局如图 1.2 所示。

图 1.2　界面布局

（1）按"Tab"键可以显示或隐藏属性栏、工具箱和控制面板。

（2）按"Shift+Tab"键可以显示或隐藏控制面板也可以在窗口菜单下选择这些选项。

（3）打开一个文件，按"F"键可以在如下三种页面显示方式间切换：标准状态、带有菜单栏的状态、全屏幕状态。单击工具箱最下方页面显示方式切换图标（图 1.3）也可以实现显示方式切换，但不推荐使用。

图 1.3　页面显示方式切换图标

这里强调下，各位初学者必须要牢牢记住常用的快捷键，也就是不用鼠标选择各种命令，而是直接敲击键盘，迅速执行命令。设计公司的熟练设计师除非在拖动图案时才使用鼠标，敲击键盘输入命令的操作就像钢琴家敲击琴键。初学者需反复记忆和练习，熟练掌握常用的快捷键，这样会极大地提高工作效率。本书章节中提到的快捷键均需要被熟练记忆并掌握，本书后虽然附了快捷键汇总，但笔者知道，初学者是不可能全部记牢的，所以先牢牢记住每个章节介绍的快捷键，笔者特意将这些快捷键做了特殊标记，请大家注意识别并特别记忆。其实，在菜单的命令后面或将鼠标在工具栏暂停不动，Photoshop 会自动显示快捷键，大家可以在操作中不断加深记忆。

4. 打开、新建和保存

这里要强调，介绍这些基本命令，是要大家养成使用快捷键的好习惯，其实这些命令的快捷键与许多其他软件中的设置是相同的（图 1.4）。

文件(F)	编辑(E)	图像(I)	图层(L)	文字(Y)	选择
新建(N)...				Ctrl+N	
打开(O)...				Ctrl+O	
在 Bridge 中浏览(B)...				Alt+Ctrl+O	
在 Mini Bridge 中浏览(G)...					
打开为...				Alt+Shift+Ctrl+O	
打开为智能对象...					
最近打开文件(T)				▶	
关闭(C)				Ctrl+W	
关闭全部				Alt+Ctrl+W	
关闭并转到 Bridge...				Shift+Ctrl+W	
存储(S)				Ctrl+S	
存储为(A)...				Shift+Ctrl+S	
签入(I)...					
存储为 Web 所用格式...				Alt+Shift+Ctrl+S	
恢复(V)				F12	
置入(L)...					
导入(M)				▶	
导出(E)				▶	
自动(U)				▶	
脚本(R)				▶	
文件简介(F)...				Alt+Shift+Ctrl+I	
打印(P)...				Ctrl+P	
打印一份(Y)				Alt+Shift+Ctrl+P	
退出(X)				Ctrl+Q	

图 1.4　"文件"菜单

（1）打开："Ctrl+O"键或将光标放到空白区域双击,或用鼠标单击菜单"文件 > 打开"命令。首先推荐"Ctrl+O"键,左手拿水杯等时推荐"双击空白区域",不推荐使用第三种。

（2）新建："Ctrl+N"键或鼠标单击菜单"文件 > 新建"命令。同上,推荐使用"Ctrl+N",不推荐使用鼠标单击菜单"文件 > 新建",之所以反复强调快捷键的重要性,是因为它确实可以极大提高工作效率,后文不再赘述。

新建时应设置名称、尺寸、分辨率、颜色模式、背景内容(白色 / 背景色 / 透明,填充前景色"Alt+Delete"/ 填充背景色"Ctrl+Delete")。

其中的颜色模式分为 RGB 模式和 CMYK 模式, RGB 模式是显示器色彩,以电子产品为传播载体的设计可使用此模式。它是一种光学三色模式,具体为红色、绿色和蓝色。

CMYK 模式则是物化的颜料色彩,作品需要打印输出时可使用此模式。它是一种四色模式,具体为青色、品红、黄色和黑色;由于印刷的油墨具有透明性质,所以印刷的深浅变化靠单位面积的油墨着色量调节。

（3）保存 / 另存为："Ctrl+S" / "Ctrl+Shift+S"或鼠标单击菜单"文件 > 保存 / 另存为"命令。

5. 格式

（1）PSD:Photoshop 的标准存储方式,能保存图像中的所有信息。每个软件都有自己的专用格式,比如 Illustrator 是 AI, CorelDRAW 是 CDR,各个软件间的图形若想共享,可以存储或导出为下面介绍的几种格式。

优点:文件设计元素(比如文字、标志、图片等)分层信息全部保留,便于修改。

缺点:信息多,文件大。

（2）JPEG:压缩格式,适合在 U 盘与网络传输中应用。

优点:信息少,文件小,便于保存到 U 盘中。

缺点:不便于修改,文件存为此格式后,图层全部合并,对图片的局部修改将成为问题,所以除非作品已经定稿并制作完成,确定不再有任何修改才采用此格式存档,否则一定要保留 PSD 格式文件以便于修改。

（3）TIFF:软件平台之间文件交换的格式,几乎能支持所有的绘画、图像编辑和页面排版等应用软件,也是一种印刷格式。

很多印刷厂要求提供此格式,因为 PSD 格式图层是保留的,在后期印刷排版操作过程中,排版人员不小心移动文件时容易错位;而 JPEG 格式是一种压缩格式,会损失很多色彩信息,印刷效果会打折扣。

（4）BMP:位图格式,只记录 256 色。Windows 画图中默认的格式,不需要印刷输出的文件可使用此格式。

（5）GIF:网页中动画的默认格式,可设置为透明背景。

（6）PNG：可设置为透明背景,导入 PowerPoint、Flash 等软件后透明背景保留,其他格式设置的透明背景区域导入后背景会变为白色。这里要注意,一定要将背景设置为透明并存为这个格式背景才是透明的。

第二节 初识图层与选择类工具

在成为真正的设计师之前,抠图、修图等基本工作会成为工作的日常,所以要先打好地基。

一、图层("F7")

1. 概念

Photoshop 设置了不同的图层(图 1.5),不同的文字、图形或图像可以分成若干层,简单地说对某一层元素进行修改时对其他层不会产生影响,便于进行修改操作。

图 1.5 图层窗口

2. 作用

(1)用于对具体的某一图层的元素进行操作。

(2)可移动不同层的文本,对文本进行操作。

(3)限定颜色编辑区域。

(4)用于演示动画。

3. 应用

(1)新建:"Ctrl+Shift+N"键或单击图层窗口的加号。

(2)删除:将图层拖拉到垃圾箱或图层删除图层中的图形页删除。

(3)选区建立图层:"Ctrl+J"键或设计图形中有选区时,按"Ctrl+J"键后可以复制选区内的图形建立一个新层。

(4)显示与隐藏:单击图层控制面板中左侧的小眼睛符号。

(5)链接:选择一个图层后,单击其他图层左侧的空白方块。

(6)合层:"Ctrl+E"键(先链接后合层)。

二、选择工具

所有的工具都放在工具箱里（图 1.6）。选择工具可以通过选区填充颜色后绘制图形，也可以通过选区提取图形，还可以通过选区编辑修改限定区域的内容。其实 Photoshop 的选择工具有很多种，选框、套索和魔棒等，包括后面学习的路径工具，都属于选择工具的范畴，所有选择工具的功能都是根据设计需要进行设计元素的选择。

每选择一个工具时，Photoshop 上方区域的属性栏就会相应地显示这个工具的相关属性，比如选择工具的"羽化（边缘虚化）"、线的粗细样式、字的字体大小等。选择一个工具后，在属性栏可以进行设置（图 1.7）。

图 1.7　属性栏

1. 选框工具（"M"）

选框工具如图 1.8 所示。

图 1.8　选框工具

（1）矩形选框工具：任意拖拉绘制任意矩形选区；按住"Shift"键拖拉可绘制正方形选区；按住"Shift+Alt"键拖拉可绘制以光标所在点为中心的正方形选区。在属性栏"样式"选项中可以选择"固定长宽比/固定大小"限定选区大小或比例。选取了矩形选框工具，在页面有选区的情况下，按住"Shift"键，光标会有一个"+"号出现，按下"Alt"键，光标会有一个"-"号出现，增加或减少选区，这个操作几乎对所有选择工具都适用。

（2）椭圆选框工具：任意拖拉绘制任意椭圆选区；按住"Shift"键拖拉可绘制正圆选区；按住"Shift+Alt"键拖拉可绘制以光标所在点为中心的正圆选区。在属性栏"样式"选项中可以选择"固定长宽比/固定大小"限定选区大小或比例。

（3）单行选框工具：用于绘制水平直线选区。

（4）单列选框工具：用于绘制垂直直线选区。

2. 套索工具（"L"）

套索工具如图 1.9 所示。

图 1.6　工具箱

图 1.9 套索工具

（1）套索工具：绘制不规则的曲线选区时，按住鼠标左键拖拉即可。

（2）多边形套索工具：绘制直线边缘的选区时，按住鼠标左键单击拖拉即可，双击闭合选区。将终点放到起点上，按住"Alt"键可从多边形套索工具切换为套索工具。

（3）磁性套索工具：以磁铁的方式紧贴图像边缘画闭合选区。首先光标确定图形边缘，需要提取图形边缘时移动鼠标，按"Delete"键可删除紧固点。按住"Alt"键单击可从磁性套索工具切换为多边形套索工具。按住"Alt"键拖拉可从磁性套索工具切换为套索工具。这个操作命令适合前景色与背景色对比较强时使用。

3. 快速选择项与魔棒工具（"W"）

快速选择项与魔棒工具如图 1.10 所示，初学者可以用此工具选择与取样点相似的颜色区域。

图 1.10 快速选择项与魔棒工具

（1）容差：颜色选取范围的大小。

（2）连续的：选择与取样点相似且相邻的颜色区域。

使用魔棒工具做选区后可以与反选结合使用（反选"Shift+Ctrl+I"键），这个命令很重要，有时选了相反的区域，用它会节约很多时间；又比如要选择一个在单色背景中的人，直接用魔棒命令快速选择背景再执行"Shift+Ctrl+I"命令，就会迅速完成选择。

4. 色彩范围

在预览框中用吸管吸取一种颜色即可选择与取样点相似的颜色区域。其中，预览框中白色区域为所选区域，黑色为不选区域，灰色为半透明区域。

三、填充色彩

下边来学习一点填色知识，在工具箱下部有两个正方形色块，前面的是前景色，后面的是背景色，实际上它们是可以互换的（图 1.11）。单击它们可以设置颜色，对话窗口里可以设置颜色的精确数值，"Alt+Delete"键填充前景色，"Ctrl+Delete"键填充背景色。

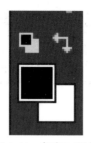

图 1.11　颜色工具箱

　　注意：在选区状态下运用"Ctrl+T"快捷键，可以放大、缩小、移动和旋转图像。按住"Shift"键再操作，还可以改变中心。

　　很多初学者在操作过程中将工具箱和对话窗口不小心隐藏，记住，既然是对话窗口，它一定就在"窗口"菜单（图 1.12）里可以找到。

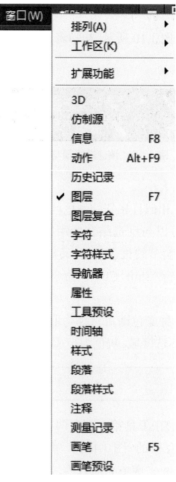

图 1.12　"窗口"菜单

第三节　抠图练习一

所谓抠图，就是将某个形象从原图片上选出，然后对该形象进行形状、比例、明暗和色相等的编辑，或者给它更换背景等。正如在建筑设计界成为合格建筑师之前需要绘制大量 CAD 平面图一样，在真正成为一名图形图像设计师之前，抠图会成为日常，资深设计师可以拿抠好的图来用。

其实，抠图有很多种方法，比如色彩范围、抽出抠图、通道抠图、调整边缘、魔术棒、钢笔工具、套索工具、背景橡皮擦等，笔者经常用到的有套索工具、钢笔工具和通道抠图，前两者适合几何形体，后者适合毛发。

虽然高版本 Photoshop 有很多更便捷的抠图功能，但是用选择工具抠图是熟悉 Photoshop 的好办法，开始操作之前必须记住几个快捷键。放大页面"Ctrl++"键，缩小页面"Ctrl+-"键，在选择工具下按下"Space"键，光标变成了一只小手，这只小手可以帮助拖动画面，这实际上是工具栏中的选择工具和抓手工具之间的转换；有的设计师也会选择使用鼠标滑轮来改变页面大小。牢牢掌握一种办法，用最快的速度放大、缩小或移动页面到需要编辑的区域是掌握 Photoshop 的第一要务。

抠图可以更换背景，也可以组合任意不同的图片。下面可以选择如图 1.13 和图 1.14 所示的图片，运用套索工具进行抠图练习，注意在状态栏设置使用不同的羽化值，对比下效果，选择完毕后使用快捷键"Ctrl+J"，单击"F7"键，调出图层对话窗口，可看到选区自动创建为新层，可存储为 PSD 格式。

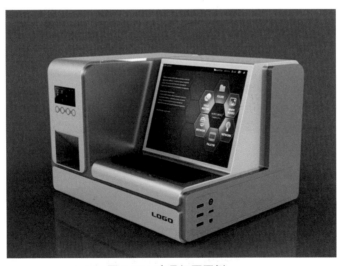

图 1.13　产品抠图图例一

图 1.14 产品抠图图例二

第四节 抠图练习二

下面可以选择如图 1.15 和图 1.16 所示的图片继续进行抠图练习。由于图例图形相对复杂,初学者可以配合不同的选区工具进行尝试,请用"Shift"键或"Alt"键进行选区的删减。

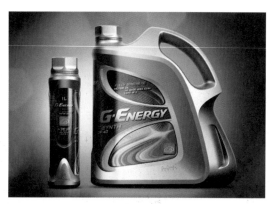

图 1.15 产品抠图图例三

图 1.16 产品抠图图例四

现在解密，Photoshop CC 2018 之后的版本增加了个黑科技，有个超级好用的抠图功能就是"主体抠图"。选择 Photoshop 的魔术棒工具或快速选择工具时，上方的属性栏就会出现"主体抠图"按钮，可以实现图片内主体图像的一键抠图。

课外作业

1. 选择 5 张含有几何形态的商品图片，利用套索工具进行抠图练习。

2. 选择 2 张含有较复杂形体（比如建筑物、家具等）的图片，利用套索工具进行抠图练习。

3. 选择 2 张含有毛发的图片，利用套索工具进行抠图练习。

（注：作业及练习，本书不做特殊说明的尺寸为 A4，分辨率为 72 像素 / 英寸。）

第一章

通道与路径

（LOGO 设计，我是实习生）

第一节　通道

"上节这个练习太无聊了"，是的，抠图是一件很无聊的事，在掌握了 Photoshop 这个软件后就会发现，抠图是最不需要费脑子的事，只需要周而复始，重复动作就可以了。但正像《卖油翁》里讲的道理一样，熟能生巧。大家首先做这个练习，就是通过这个训练把 Photoshop 基本的页面操作练习熟练，比如说要对页面的某个区域进行选择，或是要对某个区域进行放大观察，都要马上到位，以后再进行设计练习时操作就会很熟练。

下面，就来初次认识"通道"（图 2.1），看看什么是通道。为什么是初次呢？因为后面章节还会重点详细介绍，本节只对它的最基本功能进行初步介绍。

图 2.1　通道窗口

一、通道的作用

（1）显示或存储图像的不同颜色信息。

（2）做选区。既然知道不同通道的颜色信息是有区别的，比如在现阶段抠图时就可以选择颜色信息多的通道进行选区操作。

（3）结合滤镜作特殊效果。

（4）专色印刷。

二、通道的类型

（1）全色通道:正常显示图形。

（2）单色通道:显示或存储图像的颜色(白色显示颜色;黑色不显示;灰色半透明)。

（3）ALPHA 通道:做选区(白色做选区;黑色不做选区;灰色半透明)。

（4）专色通道:专色印刷。实际上随着印刷技术的提高和成本的降低,很多媒体比如报纸已经不再使用专色印刷了,过去常常用黑色再加一个专色来印刷(如图 2.2 所示用黑色加红色专色印刷报纸),现在基本改为四色全彩印刷,但是很多书籍由于印刷量大,出于成本考虑,内页还是采用某种专色进行色彩上的设计处理。

图 2.2　黑色加红色专色印刷报纸

三、选区的保存与载入

1. 选区的保存

（1）绘制选区后,选择"通道控制面板 > 将选区保存为通道"命令。

（2）绘制选区后,选择"菜单 > 存储选区"命令。这是一个很实用的命令,选区的保存使得可以反复使用它进行选择,从而避免重复工作。

2. 载入选区

载入选区的方法是选择通道后,选择"通道控制面板 > 将通道作为选区载入"命令或选择"菜单选择 > 载入选区"命令或按"Ctrl"键单击通道。

3. 增减选区

选择一个通道后,载入选区,按"Ctrl+Shift"键单击另一个通道,可增加选区。

选择一个通道后,载入选区,按"Ctrl+Alt"键单击另一个通道,可减少选区。

选择一个通道后,载入选区,按"Ctrl+Shift+Alt"键单击另一个通道,可相交选区。

通道与印刷输出是紧密相连的,所以无论做什么设计都要考虑到通道的因素。

四、通道抠图的一般步骤

通道是保存图片颜色亮暗信息的,它可以转换为选区。在通道抠图中白色为可见,黑色为不可见,灰色为透明。现阶段,抠图依然是主要的练习任务,如果遇到有毛发的情况,利用通道可以让抠图变得简单。

比如,处理带有毛发的图片,可先观察各通道信息,把通道中抠图元素与背景反差比较大的通道复制出来;再选择画笔工具调整大小,把毛发上没有纯黑的地方涂黑,随后"Ctrl+ 鼠标左键"点选复制出来的通道选取选区,然后按"Ctrl+Shift+I"键反向选择,再按"Ctrl+J"键复制出来建立新层。实际工作中,经常会遇到有毛发图像需要处理的情况,所以现在要多加练习。

第二节 钢笔和形状工具

细心的操作者可能已经发现,图层、通道和路径其实都是在一个对话窗口(快捷键"F7")里,在 Photoshop 里它们的出现频率不一定最高,但它们很重要,所以一定要认识并且熟悉它们。

不要太纠结这个"路径"到底走的是个什么"路", Photoshop 里很多命令不能从字面上去理解,路径工具实际上还是一个选择工具,只是选择更准确,而且它更容易修改。生成路径的工具有钢笔工具、形状工具等。

其实钢笔工具甚至可以作为路径的代名词,基本一说路径首先反应的就是钢笔工具生成的图形,所以,钢笔工具是生成路径的重要工具。

一、路径的作用

(1)使用路径转换为选区对图形进行操作,快捷键为"Ctrl+Enter"。
(2)使用描边路径,建立一个单线图形。

二、钢笔工具绘制路径

钢笔工具如图 2.3 所示。

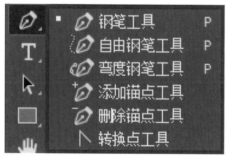

图 2.3　钢笔工具

钢笔工具（"P"）：绘制直线以及曲线的路径。

（1）直线的绘制：两点确定一线。

（2）曲线的绘制：曲线生成的 3 个方面有锚点、控制线、控制点。

锚点：生成曲线的基本单位。

控制线：控制曲线的延伸方向。

控制点：控制着控制线。

其使用方法是单击第一个锚点，拖拉控制线的方向为第一条曲线的延伸方向；单击第二个锚点，拖拉控制线的方向为第一条曲线的反方向，为第二条曲线的延伸方向。

三、基本形状工具

基本形状工具可绘制默认的基本形状，如图 2.4 所示。

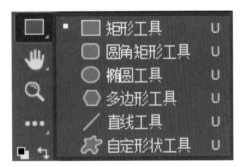

图 2.4　基本形状工具

在属性栏中运用形状工具应注意以下几点。

（1）形状图层：可绘制路径并自动生成形状图层。（形状图层转换为普通层："将光标放到图层上右击 > 选择栅格化图层"）

（2）路径：可以绘制路径。

（3）填充像素：可绘制自动填充前景色的图形。

（4）自定义形状：首先绘制一条闭合路径，之后选择"编辑 > 定义自定形状"命令，可绘制自定义的图形。

四、路径的编辑

1. 锚点的添加与删除

（1）添加：将钢笔工具放到路径上单击。选择"添加锚点工具"将光标放到路径上单击即可。

（2）删除：将钢笔工具放到锚点上单击。选择"删除锚点工具"将光标放到锚点上单击即可。

2. 转换点工具

使用钢笔工具时,按住"Alt"键可从钢笔工具切换到转换点工具。

（1）使用钢笔工具绘制路径时,按住"Alt"键将光标放到锚点上单击可以删除一侧的控制线。

这里着重强调下,用路径完成图形绘制时笔者的经验是,务必一气呵成,这里面有个技巧:一是直线时只在两端加锚点;二是在遇到弧线时按住鼠标不放,进行拖动,直到得到自己想要的弧线时再放开鼠标,弧线弧度一般在 90° 以上,角度越小弧度越不平顺;三是在绘制完这一步弧线时一定要按住"Alt"键鼠标单击此锚点,否则会对下一步产生影响。总之锚点越少越容易控制,如果不一气呵成靠后期调整会耽误很多时间。

（2）使用钢笔工具绘制路径时,按住"Alt"键将光标放到页面上拖拉可以绘制一侧的控制线。

3. 路径控制面板

（1）路径切换为选区:"Ctrl+ Enter"键或单击"将路径作为选区载入"命令。

（2）选区切换为路径:绘制路径后,单击"将选区转换为路径"命令。

（3）描边路径:绘制路径后,单击"用画笔描边路径"命令（可以按照画笔的形状沿路径描边）。

4. 路径选择工具（"A"）

（1）路径选择工具:可选择整条路径进行编辑。

（2）直接选择工具:可以选择路径并对锚点进行编辑。

（3）使用钢笔工具时,可按住"Ctrl"键从钢笔工具切换为直接选择工具。

第三节　钢笔和形状工具练习一（LOGO 设计,简单的不简单）

在运用钢笔工具进行形状选择时,笔者总结了几句通关密语:一气呵成不反复,添删锚点不要想;遇到曲线直接拖,"Alt"键单击除影响;90° 上锚点加,锚点最少是方向。

不知所云？来操作吧,用钢笔工具随便画一个路径,在路径中添加、删除锚点,就会发现会对上一个或下一个锚点曲线角度产生影响,也就是说一个锚点的曲线变化,相邻的锚点也会跟着改变,所以用转换锚点工具调整起来会有些麻烦,对于初学者来说会比较难。所以尽量少修改,要一气呵成;遇到曲线时按住鼠标不放然后拖动,直到拖到想要的弧度,进行下一步时一定要记住按住"Alt"键用鼠标单击这个锚点,会发现操纵杆就少了一条,否则它会对下一个锚点产生影响;遇到比较大的弧度时尽量 90° 以上再添加一个锚点,总之锚点越少图形就越圆滑、越自然,所以用最少的锚点进行选择是使用钢笔工具的目标和方向。

不同于套索工具的是,路径工具的调整功能更加强大,尤其是用钢笔工具临摹图形标志,会给作图提供极大的便利。

标志是组织机构的视觉形象的核心部分（英文俗称为 LOGO）,是表明事物特征的识别符号。它以单纯、显著、易识别的形象、图形或文字符号为直观语言,除表示什么,代替什么之外，还具有表达意义、情感和指令行动等作用。标志、徽标、商标是现代经济的产物，它不同于古代的印记，现代标志承载着企业的无形资产，是企业综合信息传递的媒介。商标、标志作为企业 CIS（企业视觉识别系统）战略的最主要部分，在企业形象传递过程中，是应用最广泛，出现频率最高，同时也是最关键的元素。企业强大的整体实力、完善的管理机制、优质的产品和服务，都被涵盖于标志中，并通过不断的刺激和反复刻画，深深地留在受众心中。标志图形用软件绘制实现是简单的，但是设计出一个原创并为大众认可的标志往往需要很深的设计功底，并不简单。先从临摹简单的几何形态标志开始（图 2.5 至图 2.8），把标志里的文字按图形来理解。

图 2.5　肯德基标志

图 2.6　麦当劳标志

图 2.7　淘宝标志

图 2.8　支付宝标志

做练习可以在菜单"图像＞图像大小"里将图片分辨率设置为 150，页面 100 mm 左右，以保证运行顺畅，后面的练习根据实际情况再进行相应调整。

练习过程中先建立新图层，将图形用路径工具进行选取，用"Ctrl+ Enter"键更换为选区，再填色，本阶段练习色彩接近就可以了，不需要完全一致。

第四节　钢笔和形状工具练习二（图形设计）

图形以其不可替代的形象化特征成为平面设计中的视觉重点，图形要比文字更能直观地传递所携信息，越是富有意境性的图形越能抓住受众的视线。在设计中，设计者只有成功地挑选、组合、转换、再生这些元素，才能汇集成为自身与受众共同认可的符号。设计师们的设计重点就是展示图形的独特魅力。

从古到今，可以借鉴的图形有很多（图 2.9 至图 2.11），请把它们用钢笔工具创造出来。

图 2.9　画像砖图形

图 2.10　龙图形

图 2.11　狮图形

课外作业

1. 利用通道完成 1 张有毛发图像的抠图。

2. 选择 2 张较复杂的标志,利用钢笔工具进行绘图练习。同时思考一下对称的或是旋转效果的标志怎么制作?

第二章

第三章 选区与图像的编辑

（装饰画,变身艺术家）

第一节 选区的编辑

无论是选框、套索类工具,还是钢笔等形状工具,其实起到的作用都是选择。选择后可以运用"Ctrl+J"快捷键,在选区建立一个新层,还可以进行菜单编辑里的描边、填充等很多不同效果的操作。在操作过程中肯定还需要进行移动、增减、修改等。本节将结合工具来学习菜单选择栏。

一、选区的移动

（1）将光标放入选区内拖拉。

（2）按键盘上的方向键可以以1个像素的距离移动。

（3）按住"Shift"键的同时再单击键盘上的方向键,会以10个像素的距离移动。

二、选区的增减

1. 增加

（1）属性栏"添加到选区"命令。

（2）按住"Shift"键,可增加选区。

（3）按住"Ctrl"键载入选区后,按住"Ctrl+Shift"键同时单击其他图层。

2. 减少

（1）属性栏"从选区减去"命令。

（2）按住"Alt"键,可减少选区。

（3）按住"Ctrl"键载入选区后,按住"Ctrl+Alt"键同时单击其他图层。

3. 相交

（1）属性栏"与选区交叉"命令。

（2）按住"Shift+Alt"键可使选区相交。

（3）按住"Ctrl"键载入选区后,按住"Shift+Alt"键同时单击其他图层。

三、选区的修改

（1）边界：为选区扩充一个边缘，填色时可消除锯齿的颜色，边缘柔和。

（2）描边：为选区描边。与扩边近似，但边缘较清晰。

（3）平滑：使选区边缘平滑，特别适合于魔棒工具和套索工具所做的选区。

（4）扩展：按指定的数值扩充选区。

（5）收缩：按指定的数值收缩选区。

首先输入文字，按住"Ctrl"键单击文字层载入文字选区；之后隐藏文字层，选择背景层，按"Ctrl+J"键提取图形；最后描边。

（6）羽化：使选区边缘柔和平滑；使图形边缘产生柔和过渡的效果。

其中，面罩工具 / 套索工具属性栏中"羽化"，先输入羽化数值后作选区。"选择 > 羽化"命令，可以先做选区再设置羽化数值。

四、其他选择命令

以下命令全部可以在"选择"菜单（图 3.1）里找到。所有的软件都有一个规律，比如想改变颜色、大小、线型等，那一定在属性栏里；如想改变选区大小，就当然在"选择"菜单里。

选择(S)	滤镜(T)	3D(D)	视图(V)
全部(A)			Ctrl+A
取消选择(D)			Ctrl+D
重新选择(E)			Shift+Ctrl+D
反向(I)			Shift+Ctrl+I
所有图层(L)			Alt+Ctrl+A
取消选择图层(S)			
查找图层			Alt+Shift+Ctrl+F
色彩范围(C)...			
调整蒙版(F)...			Alt+Ctrl+R
修改(M)			▶
扩大选取(G)			
选取相似(R)			
变换选区(T)			
在快速蒙版模式下编辑(Q)			
载入选区(O)...			
存储选区(V)...			
新建 3D 凸出(3)			

图 3.1 "选择"菜单

（1）全选："Ctrl+A"键或"选择 > 全部"命令。

（2）取消选择："Ctrl+D"键或"选择 > 取消选择"命令。

（3）重新选择："Ctrl+Shift+D"键或"选择 > 重新选择"命令。

（4）反选："Ctrl+Shift+I"键或"选择 > 反向"命令。

（5）扩大选区：扩大选取相似且相邻的像素。

（6）选取相似：扩大选取相似且不相邻的像素。

（7）载入选区："Alt+D"键或"选择 > 载入选区"命令，选择下拉菜单或按"O"键弹出载入选区对话框，单击"确定"按钮，会发现选择层内的所有元素全部被选择了，这个命令也可以叫作"全选元素"，但它和"Ctrl+A"全选命令是不同的，载入选区命令选择的是元素，全选命令选择的是区域。

第二节　图像的编辑

无论哪种选取操作，在图像选取设计的过程中，注意这里用到了设计这个词，是的，未来的设计师，对图像或区域进行选取一定不仅仅是抠图、建立新层，而是有很多不同的设计操作，或是移动，或是拉伸变形，或是改变色彩，这就是最初级的设计。

标准的设计概念，是把一种设想通过合理的规划、周密的计划，以各种感观形式传达出来的过程。人类通过劳动改造世界，创造文明，创造物质财富和精神财富，而最基础、最主要的创造活动是造物。设计便是对造物活动进行预先的计划，可以把任何造物活动的计划技术和计划过程理解为设计。对于设计师来讲，设计是指设计师有目标、有计划地进行技术性的创作与创意活动。设计的任务不只是为生活和商业服务，同时也伴有艺术性的创作。

一、图像的选择

（1）移动工具（"V"）。选择其他工具时按住"Ctrl"键可以从其他工具切换为移动工具，将光标放到图形上右击选择下拉菜单中最上面的图层即可。移动工具和画板工具如图 3.2 所示。

图 3.2　移动工具和画板工具

移动工具可以通过"V"快捷键切换，但如果再使用前面用到的工具，还需要再切换过来，影响工作效率，所以，按住"Ctrl"切换至移动工具是较好的选择。

（2）画板工具。选择"画板工具"，单击工具栏中的"添加新画板"，即可添加一个同尺寸的画板。

二、填充

单击菜单"编辑 > 填充"命令（图 3.3），可完成填充。

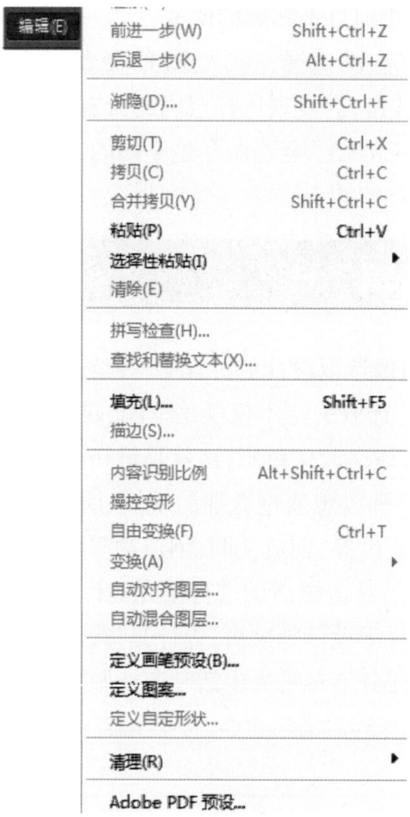

编辑(E)	前进一步(W)	Shift+Ctrl+Z
	后退一步(K)	Alt+Ctrl+Z
	渐隐(D)...	Shift+Ctrl+F
	剪切(T)	Ctrl+X
	拷贝(C)	Ctrl+C
	合并拷贝(Y)	Shift+Ctrl+C
	粘贴(P)	Ctrl+V
	选择性粘贴(I)	▶
	清除(E)	
	拼写检查(H)...	
	查找和替换文本(X)...	
	填充(L)...	Shift+F5
	描边(S)...	
	内容识别比例	Alt+Shift+Ctrl+C
	操控变形	
	自由变换(F)	Ctrl+T
	变换(A)	▶
	自动对齐图层...	
	自动混合图层...	
	定义画笔预设(B)...	
	定义图案...	
	定义自定形状...	
	清理(R)	▶
	Adobe PDF 预设...	

图 3.3 "编辑"菜单

工具栏的下部有很明显的两个正方形色块，可以输入数值准确设定色彩，常用的颜色还可以添加到色板保存，以便以后使用。

（1）前景色填充：按"Alt+Delete"键。

（2）背景色填充：按"Ctrl+Delete"键。

（3）图案填充：首先选择矩形选框工具，框住需要定义图案的区域，之后选择"编辑 > 定义图案"命令，在弹出的定义图案对话框中输入图案名称即可。

填充图案的操作如下：首先新建文件，定义宽为 100 像素，高为 200 像素；之后选择单行选框工具，在页面中单击绘制一个像素的选区，填充或绘制某种颜色，定义图案；最后再打开一幅图片，新建图层，填充定义的图案。

三、图像的移动

在选框、套索工具下直接按"Ctrl"键或按"V"键即变为移动工具。

（1）选择移动工具拖拉移动时，按住"Shift"键可以限定方向移动。

（2）按方向键一次移动一个像素。

（3）按"Shift+ 方向"键一次移动 10 个像素。

（4）利用"视图 > 对齐到"命令和"图层 > 对齐"命令，可以实现几个元素的自动对齐。

四、图像的剪切

（1）选择裁切工具（"C"），裁切不需要的区域。

（2）扩大画布：使用裁切工具可将裁切框拖拉到图形外面，也可利用"图像 > 画布大小 > 输入数值"命令完成操作。

（3）将倾斜图形纠正：旋转裁切框。

五、复制

（1）复制"Ctrl+C"键，粘贴"Ctrl+V"键（先做选区，后复制）。

（2）在选择移动工具情况下按住"Alt"键拖拉图形可复制，按"Shift+Alt"键可水平或垂直复制。

（3）在选择移动工具情况下按住"Alt"键的同时，按方向键可以移动复制。若图形中没有选区，复制时可以复制新的图层。若图形中有选区，复制时可以在同一个图层中复制。

（4）在选择选框和套索工具情况下，以上两项所有操作加"Ctrl"键完成，其他没变化，笔者推荐此方法，省去与移动工具间的切换时间，换句话说点选移动工具可以在键盘"Ctrl"键坏掉的情况下使用。

六、恢复与撤销

（1）撤销："Ctrl+Z"键（撤销一次）。

（2）返回："Ctrl+Alt+Z"键（默认撤销 20 次，编辑菜单内可以改变撤销次数）。

（3）向前："Ctrl+Shift+Z"键。

历史记录窗口如图 3.4 所示，可以通过删除取消操作步骤，并且可以选择性删除。

图 3.4　历史记录窗口

历史记录画笔（图 3.5）是 Photoshop 里的图像编辑恢复工具，使用历史记录画笔，可以将图像编辑中的某个状态还原;使用历史记录画笔还可以起到突出画面重点的作用,比如把画面涂得乱七八糟,然后用历史记录画笔工具把主图擦出来。

图 3.5　历史记录画笔工具

七、自由变换

自由变换:可对图形做变换。用法同"变换选区"。

(1)缩放:按住"Shift+Alt"键可以以中心点为中心缩放。

(2)旋转:将光标放到控制柄以外。

(3)斜切 / 扭曲:按住"Ctrl"键将光标放到控制柄上拖拉。

(4)透视:按住"Ctrl+Shift+Alt"键将光标放到控制柄上拖拉。

(5)复制变换:"Ctrl+Shift+Alt+T"键可以与变形之后的图形再次复制变形。

八、图像大小

图像大小可在"图像"菜单中选取,如图 3.6 所示。

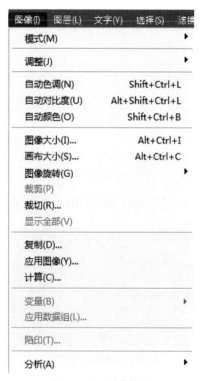

图 3.6　"图像"菜单

图像大小命令可改变图像的大小尺寸与分辨率。比如说有一张分辨率300像素/英寸，尺寸500毫米高的图片，只想应用在一张小小的名片上，那么打开图片后第一要务就是把它的尺寸改为实际输出大小，否则它会拖慢电脑的速度。

九、画布大小

画布大小也可在"图像"菜单中选取。和图像大小命令的区别是，画布操作区域大小会产生变化，但对画布中元素的尺寸和分辨率没有影响。一般画布大小是根据设计作品版面的大小确定的。比如设计一张需要在A4纸上打印的作品时，就要把画布设置为210毫米宽、297毫米高。

初学者往往会有这样的体验，从一个画布复制到另一个画布时图像突然变大或是缩小，这就是由于图像尺寸大小不匹配或分辨率不一致。这里注意一下，印刷和显示器显示需要的分辨率是不一样的。

第三节　装饰图案临摹练习一

这个练习主要还是提高熟练度，不必全部做，选择自己喜欢的做。归纳色彩，以色块的方式，把大师的画（图3.7）改成一张装饰画。

也可以临摹些色彩构成的图案（图3.8），试着做成自己喜欢的色调，打印出来就是一幅不错的装饰画。

图3.7　毕加索的油画作品

图3.8　色彩构成图案

第四节　装饰图案临摹练习二

按范例（图3.9）的设计方法，试着把某种动物的剪影（图3.10和图3.11）与某种花卉（图3.12）结合，花卉边缘有合适的羽化值会更自然，素材可以在互联网上搜索。

图 3.9　设计创意案例

图 3.10　设计素材大象

图 3.11 设计素材雄鹰

图 3.12 设计素材鲜花

课外作业

利用色彩构成知识,设计一张几何装饰画。

第三章

第四章 绘图工具
（照片处理大师）

随着对 Photoshop 的不断深入学习,会发现它的功能不仅仅是在网上看到的一些恶搞芙蓉姐姐、犀利哥的 P 图。实际上在学会抠图后就已经可以做些简单的图片合成了,可以让自己和毕加索同框,也可以去火星搞个纪念照,但是会发现,一切都是那么不真实,一眼就会被识破。

实际上 Photoshop 具有强大的绘图和绘画功能,提供了诸如画笔工具、修复画笔工具、历史纪录画笔工具、橡皮擦工具、图章工具、调焦工具、色调工具、渐变工具等,这些工具会让合成照片和图像更真实,更没有违和感。

一、画笔工具（"B"）

画笔工具如图 4.1 所示。

图 4.1　画笔工具

1. 使用

（1）将光标放到页面中按住鼠标左键拖拉,可绘制曲线。

（2）按住"Shift"键在页面中单击,可以绘制直线。

2. 类型

（1）画笔工具:可绘制边缘柔和的图形。

（2）铅笔工具:可绘制边缘较清晰的图形。

（3）颜色替换工具:将与取样点相似、与画笔大小相同的颜色区域用前景色替换。相当于"图像＞调整＞替换颜色"命令。容差可改变颜色替换的范围。使用颜色替换工具,除了给图像换一个新颜色,还可以换一个背景。

（4）混合器画笔工具:在属性栏上点"画笔预设"按钮,打开画笔下拉列表,可以在这里找到需要的画笔。利用这些画笔,可以很轻易地描画出各种风格的效果。

3. 画笔设置

用"F5"键打开画笔编辑器进行编辑,如图4.2所示。

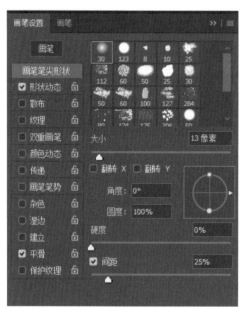

图4.2　画笔设置窗口

（1）画笔笔尖形状:有不同的画笔形态。

（2）定义画笔:绘制一个选区,填充"黑色",选择"编辑 > 定义画笔预设"命令。

（3）直径。

笔刷大小:"["键画笔变小,"]"键画笔变大。

硬度:"Shift+["键画笔硬度变软,"Shift+]"键画笔硬度变硬。

间距:画笔笔刷间距。

电脑的页面尺寸是有限的,不可能把所有的对话窗口打开备用,最常用的"F5"（画笔）、"F6"（颜色）、"F7"（图层）、"F8"（信息）和"F9"（动作）这几个快捷键是必须要记住的!笔者称它们为贵族F一族! 而"F5""F6""F7"应用率直逼快捷键之王"Ctrl+Shift+Z"。

4. 形状动态

（1）大小:"抖动控制 > 渐隐"命令（画笔大小由小到大）。

（2）角度:"抖动 > 控制 > 方向"命令（画笔笔触按照画笔运行的方向排列）。

（3）散布:画笔笔触分散排列。

（4）纹理:画笔笔触产生纹理。

（5）双重画笔:绘制虚线。在画笔笔尖形状中将"硬度"调为最大,"间距"调为120%以上。在"双重画笔"中将模式设为"正片叠底";直径10以下;其他均为最小值。

（6）颜色动态："前景 / 背景抖动 > 控制 > 渐隐"命令（颜色从前景色到背景色渐隐）。

（7）其他动态："不透明度抖动 > 渐隐"命令（从前景色到透明色的渐变）。

二、修复画笔工具（"J"）

修复画笔工具如图 4.3 所示。

图 4.3　修复画笔工具

1. 污点修复画笔工具

在使用污点修复画笔工具时不需要定义原点，只需要确定需要修复的图像位置，调整好画笔大小，移动鼠标就会在确定需要修复的位置自动匹配，所以在实际应用时比较实用，而且在操作时也简单。平常在联想污点时容易想起衣物或者建筑物上的污迹，那么除了这些，实际这个工具能操作的空间还很大，比如玛丽莲·梦露的去痣工作只需轻轻一点就能实现了。

2. 修复画笔工具

可将一幅图像的部分或全部连续复制到同一或另外一幅图像中，并且与被复制的图像底色相溶。

使用时首先按住"Alt"键在一个区域上点取一个取样点，然后再放到需要修改的区域点击复制即可。此工具适合修复皮肤（如脸上的痘痘、雀斑）。

3. 修补工具

修补工具的作用同修复画笔工具。

（1）源：从目标修补源。

（2）目标：从源修补目标。

使用修补工具可以用其他区域或图案中的像素来修复选中的区域。像修复画笔工具一样，修补工具会将样本像素的纹理、光照和阴影与源像素进行匹配。此外还可以使用修补工具来仿制图像的隔离区域。

4. 内容感知移动工具

只需选择图像场景中的某个物体，然后将其移动到图像中的任意位置，经过 Photoshop 的计算，完成极其真实的 Photoshop 合成效果。

（1）感知移动功能：这个功能主要是用来移动图片中的主体，并随意放置到合适的位置。移动后的空隙位置，Photoshop 会智能修复。

（2）快速复制功能：选取想要复制的部分，移到其他需要的位置就可以实现复制。复制后的边缘会自动柔化处理，跟周围环境融合。

其操作方法如下：在工具箱的修复画笔工具栏选择 Photoshop 的内容感知移动工具，鼠标上会出现"X"图形，按住鼠标左键并拖动就可以画出选区，跟套索工具操作方法一样。用这个工具把需要移动的部分选取出来，然后在选区中再按住鼠标左键拖动，移到想要放置的位置后松开鼠标，系统就会智能修复。

5. 红眼工具

红眼工具可移去用闪光灯拍摄的人物照片中的红眼，也可以移去用闪光灯拍摄的动物照片中的白、绿色反光。先选择红眼工具，再在红眼中点击鼠标。 如果对结果不满意，可以还原修正，在选项栏中设置一个或多个以下选项，然后再次点击红眼。

（1）瞳孔大小：设置瞳孔（眼睛暗色的中心）的大小。

（2）变暗量：设置瞳孔的暗度。

三、历史记录画笔工具（"Y"）

对图形的局部做撤销可用历史记录画笔工具。

比如将粗糙皮肤修改平滑，首先使用"滤镜 > 模糊 > 特殊模糊"命令；之后使用历史记录画笔工具再对需设置清晰的区域进行涂抹。

四、橡皮擦工具（"E"）

橡皮擦、背景橡皮擦、魔术橡皮擦用于擦除图形，如图 4.4 所示。

图 4.4　橡皮擦工具

无论有没有绘画基础，橡皮擦绝对不是或不仅仅是修改工具，还记得中学我的美术启蒙恩师，河北省优秀教师李永祥老师（恩师创办的美术教学班是石家庄六中的办学特色，享誉全市，沿革至今）在指导笔者画素描时，用小刀将橡皮切尖来处理暗部色调，达到一种特殊的绘画效果，同样道理，Photoshop 橡皮擦工具是为了取得某种艺术效果的工具，而不简单只是修改工具。

（1）橡皮擦工具：擦除图形（选择背景层，擦除图形时可以擦除背景色）。

在属性栏中"抹掉历史记录"，可使橡皮擦工具像历史记录画笔工具一样对图形的局部做撤销恢复。

（2）背景橡皮擦工具：可擦除在画笔大小范围内，与取样点相似的颜色像素区域。

其具有如下特性：不连续用于可擦除与取样区域相似的区域；临近用于擦除与取样区域

相似且不相邻的区域；查找边缘用于擦除与取样区域相似的区域，但能保留清晰的边缘；保护前景色用于避免擦除图像中与当前前景色相同的像素（可以使用吸管工具吸取一种颜色使之成为前景色）；取样用于背景色，可以擦除与背景色相似的颜色。

使用"保护前景色""取样：背景色"可以提取前景与背景对比较强烈的图形。

（3）魔术橡皮擦工具：擦除与所选取样点相似的像素。

第二节 绘图工具二

图章工具在很老的 Photoshop 版本里就有了，实际上它就是图像复制工具，只是它可以更灵活地进行局部复制，比如图片中有污点或是不需要的元素，可以通过复制周边相近的颜色把这些元素覆盖，从而起到修复图片的作用，现在通用版本增加了修复画笔工具，使得这个工作更加高效，而且可以将这两种工具结合使用。

一、图章工具（"S"）

图章工具如图 4.5 所示。

图 4.5 图章工具

图章工具可将一幅图像的部分或全部连续复制到同一或另外一幅图像中，实际就是对图像进行复制。

（1）仿制图章工具：用来修复图形，使用时首先按住"Alt"键在一个区域上点取一个取样点，也就是要复制的区域，然后再放到需要修改的区域点击复制即可。试着改变画笔边缘不同虚实模式和大小再操作下看看效果。

（2）图案图章工具：为图像的局部填充图形。

二、调焦工具

调焦工具如图 4.6 所示。

图 4.6 调焦工具

（1）模糊工具：可使图形模糊。

使用"滤镜 > 模糊 > 动感模糊"命令：可以产生运动效果，如跑步。

使用"滤镜 > 模糊 > 径向模糊"命令：可以产生放射效果与旋转效果。

使用"滤镜 > 模糊 > 特殊模糊"命令：可以产生平滑模糊效果，能保留立体感。

使用"滤镜 > 模糊 > 高斯模糊"命令：可以产生统一模糊效果，但图形丢失立体感。

（2）锐化工具：可以使图形清晰。（使用"滤镜 > 锐化 >usm 锐化"命令）

例：马赛克文字。（使用"滤镜 > 像素化 > 马赛克"命令；使用"滤镜 > 锐化 > 锐化"命令）

（3）涂抹工具：将光标所在位置的颜色与光标经过的颜色相互融合。

液化（使用"滤镜 > 液化"命令或快捷键"Ctrl+Shift+X"）可以使图形产生扭曲，修改变形图形时非常好用。

三、色调工具（"O"）

色调工具如图 4.7 所示。

图 4.7　色调工具

（1）减淡：提高图像的亮度。

（2）加深：降低图像的亮度。

调节图形明度的步骤是首先调整中间色调的明度，之后再将调整亮调区域调亮，暗调区域调暗。

统一调整图形的亮度对比度的方法是使用"图像 > 调整 > 亮度 / 对比度"命令。

（3）海绵：调节图像的饱和度。

去色：使用快捷键"Ctrl+Shift+U"（去除色相）。

加色：使用快捷键"Ctrl+U"（调节图形的色相 / 饱和度 / 明度）。

四、渐变工具（"G"）

渐变工具用于创建颜色之间的混合，如图 4.8 所示。

图 4.8　渐变工具

（1）渐变的类型：线性用于表现空间感、立体感；径向用于表现圆球体；角度用于表现放射效果；对称用于表现圆柱体；菱形用于表现星光。

（2）渐变的编辑。渐变颜色的编辑有两种：双色渐变用于两种颜色的渐变；自定义颜色的渐变用于将光标放到渐变条上方双击添加颜色色标，或将光标放到渐变条下方双击添加不透明度色标，使颜色变成半透明效果。

（3）渐变的保存：首先编辑渐变之后点击"新建"命令将渐变添加到渐变预览框中。最后单击"存储"命令。

（4）油漆桶工具：为与取样点相似的颜色区域填充前景色或图案。

（5）3D材质拖放工具：可以创建立体效果，比如在画布中创建一个立体字。

第三节　老照片处理一（送给外公、外婆的礼物）

向爱你的人致敬！把亲人的黑白照片变成彩色吧。在没有出现彩色摄影之前，人们的照片都是黑白的（图4.9），其实将黑白照片变为彩色是很简单的。

图4.9　黑白照片

（1）打开原图，如果原图是灰度模式，单击菜单"图像 > 模式"命令将其更改为RGB或CMYK模式，新建一个图层，将图层混合模式改为"颜色"，为了达到最逼真的皮肤，可以打开一幅彩色的人物图片。

（2）找一张喜欢的人物照片用颜色吸管吸取素材人物脸部的皮肤颜色。

（3）选择画笔工具，将硬度设为20%，在人物皮肤部分涂抹上色，皮肤上色效果如图4.10所示。

图 4.10　皮肤上色效果

（4）同上制作出嘴唇和眼睛以及衣服的色彩,细节上色效果如图 4.11 所示。

图 4.11　细节上色效果

（5）适当地加大皮肤颜色图层的饱和度,使皮肤看起来更红润,同时也可以加入背景衬托。

（6）现在合并所有图层,按"Ctrl + J"键复制图层,将图层不透明度改为 80%,并将图层混合模式改为"滤色",选择菜单"滤镜 > 模糊 > 高斯模糊"命令数值改为 1.2。

（7）再次合并图层,按"Ctrl + M"键调整完成最终效果,完成效果如图 4.12 所示。

图 4.12　完成效果

条条大路通罗马,黑白照片更改为彩色照片还有很多方法,随着对软件的掌握,大家可以博采众长。

本节大家要提前搜集些黑白老照片,看着亲人的面孔会给这个练习增加不一样的意义。

第四节　老照片处理二

老照片放久了会出现破损,怎么办呢? 这对于 Photoshop 来说,又是小菜一碟。

（1）打开一张老照片,如图 4.13 所示。

图 4.13　破损老照片

（2）按"Ctrl+J"键复制图层,使用修补工具和仿制图章工具修复照片人物瑕疵区域,面部修复效果如图 4.14 所示。

图 4.14　面部修复效果

（3）使用修补工具和仿制图章工具修复照片背景瑕疵区域,背景修复效果如图 4.15

所示。

图 4.15　背景修复效果

（4）选择复制图层，使用仿制图章工具修复人物边缘细节。

（5）选择关联图层，调整整体细节。在顶部按"Ctrl+Alt+Shift+E"键盖印图层，单击"滤镜 > 杂色 > 减少杂色"命令。

（6）不透明度设为 60，添加图层蒙版，使用画笔工具涂抹细节，细节修复如图 4.16 所示）。

图 4.16　细节修复

（7）对比下最终效果，如图 4.17 所示。

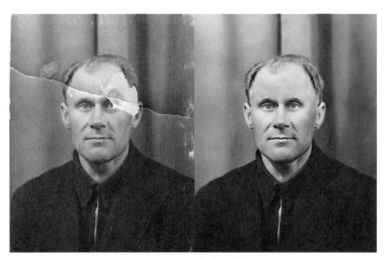

图 4.17　完成效果对比

课外作业

找一张拍得不完美但却有纪念意义的个人照片进行修饰，把自己变得美美的。

第四章

第五章

图像色彩

（创意图像设计，给你个惊喜）

对于将各种图像之间的元素剪切来复制去，你肯定已经操作熟练了。随着对选区、绘图工具的熟练使用，已经小有成就感了。在进行图像合成的时候形体选择可以比较准确了，大小、形状的改变操作也熟练了很多。那么问题来了，Photoshop 这个强大的图像合成软件，对若干图片的元素进行综合处理肯定是它强大的重要功能之一，但我们在进行合成时总感觉各个元素之间缺少色彩联系，根本不像同框的图片，真实感怎么总是有所欠缺呢？

是的，不同图片的色调是不一样的，比如在摄影棚拍摄的照片和在自然环境中拍摄的照片色调是不同的；即使在自然环境中，早、中、晚和角度等摄影条件的不同，也会产生不同的色调，所以对这些照片的元素进行合成就会在色调上产生差异，感觉元素之间不相融合。不要急，PS 君会给它点颜色看看！

第一节 色彩调整一

色彩模式是数字世界中表示颜色的一种算法。在数字世界中，为了表示各种颜色，人们通常将颜色划分为若干分量。成色原理的不同，决定了显示器、投影仪、扫描仪这类靠色光直接合成颜色的颜色设备同打印机、印刷机这类靠使用颜料的印刷设备在生成颜色方式上的区别。

你看到的太阳七色光和你看到的各色塑料、画布、印刷品，其引起视觉色彩的原理是不一样的。前者属于"加法原则"成色，三原光 Red、Green、Blue，叠加产生白光，反之白光通过牛顿三棱镜被分为七色；后者属于"减法原则"成色，白光（也可以是其他光，但是效果不同）照射颜料或者色料，由于分子结构不同，不同颜料对一定波长、频率的光（即一定颜色的光，不同颜色不同波长、波长频率成反比）有吸收作用，故而我们只能看到剩余光。

一、色彩模式

（1）位图：只有黑白两色，文件小。

（2）灰度模式：可表现丰富的色调，包含 256 级灰，是从其他模式转换成位图模式的中介模式。

（3）索引模式：包含 256 种颜色，通常用于网络。

（4）RGB 模式：红色、绿色、蓝色三色模式。光色、加色（所有数值设置最大为白色）、显示器色，仅在电子设备上显示，不需要输出打印时可选择此模式。

（5）CMYK 模式：青色、品红、黄色、黑色四色模式。减色（所有数值设置最小为白色），此为打印输出色。

（6）Lab 模式：在不同颜色内部转换的模式。

很多 Photoshop 教材仅介绍到这里就结束了，初学者还是对这几个色彩模式不知所以，实践出真知，笔者就简单介绍下。

1.RGB 颜色模式

目前的显示器大都是采用了 RGB 颜色标准，在显示器上，通过电子枪打在屏幕的红、绿、蓝三色发光极上来产生色彩。RGB 颜色其实就是光源三原色。

RGB 色彩模式使用 RGB 模型为图像中每一个像素的 RGB 分量分配一个 0~255 范围内的强度值。RGB 图像只使用三种颜色，每种 RGB 成分都可使用从 0（黑色）到 255（白色）的值，按照不同的比例混合，在屏幕上可重现 16 777 216 种颜色。好了不说这些大道理了，记住，RGB 颜色模式是显示器颜色显示模式，凡是制作只通过显示器为载体的设计作品比如网页、PPT 等就选择 RGB 模式。

2.CMYK 颜色模式

CMYK 也称作印刷色彩模式，顾名思义就是用来印刷的。CMYK 是一种依靠反光的色彩模式。我们是怎样阅读报纸内容的呢？ 一般是由阳光或灯光照射到报纸上，再反射到我们的眼中，最后才看到内容。只需要在屏幕上显示的图像，就是 RGB 模式表现的。只要是在印刷品上看到的图像，就是 CMYK 模式表现的。比如期刊、杂志、报纸、宣传画等，都是印刷出来的，那么就是 CMYK 模式的了。

CMYK 是三种印刷油墨名称的首字母：青色（Cyan）、品红色（Magenta）、黄色（Yellow）加黑色（Black）最后一个字母 K 的组合，之所以不取首字母，是为了避免与蓝色（Blue）混淆。从理论上来说，只需要 C、M、Y 三种油墨就足够了，它们三个加在一起就应该得到黑色。但是由于目前制造工艺还不能造出高纯度的油墨，CMY 相加的结果实际是一种深灰紫色。因此，还需要加入一种专门的黑墨来调和，这就是 K。四色示意如图 5.1 所示。

图 5.1 四色示意

所以请初学者养成习惯，一定要根据设计作品的需要设置不同的模式，因为 RGB 色彩相比 CMYK 色彩要明亮得多,很多在屏幕上看到的明度、纯度很高的色彩实际上是打印或印刷不出来的(选择这些颜色拾色器窗口会出现三角形的感叹号,提醒这个颜色不可印刷)。相反,如果按照后者设置色彩,那么如果仅在屏幕上展示而不作为输出使用,色彩就会显得暗淡而不明亮。

在工具栏设置前景色和背景色的拾色器面板里,将"只有 Web 颜色"对钩取消,那么打印或印刷不出来的颜色,在拾色器面板里就会显示一个三角形的感叹号图标提醒注意,看到这个图标,就知道它只能在显示器里显示,而无法打印出来,因为油墨的反光是不会显示这么明亮的色彩的。

3.Lab 颜色模式

Lab 颜色模式是由国际照明委员会(CIE)于 1976 年公布的一种色彩模式,是一种发光屏幕的加色模式。Lab 模式既不依赖光线,也不依赖颜料,它是 CIE 组织确定的一个理论上包括了人眼可以看见的所有色彩的色彩模式,从而弥补了 RGB 和 CMYK 两种色彩模式的不足。

Lab 模式由三个通道组成:一个通道是明度,即 L;另外两个是色彩通道,用 a 和 b 来表示。a 通道包括的颜色是从深绿色(底亮度值)到灰色(中亮度值)再到亮粉红色(高亮度值);b 通道则是从亮蓝色(底亮度值)到灰色(中亮度值)再到黄色(高亮度值)。因此,这种色彩混合后将产生明亮的色彩。实际上在设计实践中很少用到这么高深的色彩模式。

二、色调的调整

色调的调整通过"图像"菜单来完成,"图像"菜单如图 5.2 所示。

图 5.2 "图像"菜单

(1)亮度 / 对比度(图 5.3):是对图像的色调进行调整最简单的处理方法,可以同时调整图像的所有像素、高光、暗调和中间调。

图 5.3 亮度 / 对比度窗口

（2）色阶（图 5.4）：用来调整图像的明暗，可对单通道度的图像进行调整，快捷键为"Ctrl+L"。

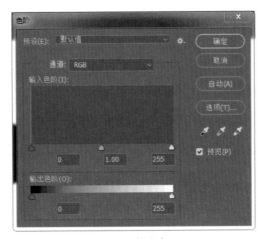

图 5.4 色阶窗口

其中有三个色阶调节按钮：最左侧的调节暗调；中间的调节中间色调；最右侧的调节亮调。

（3）自动色阶：可执行等量的色阶调整，快捷键为"Ctrl+Shift+L"。

（4）曲线（图 5.5）：可以用曲线调整图像的明暗度，快捷键为"Ctrl+M"。

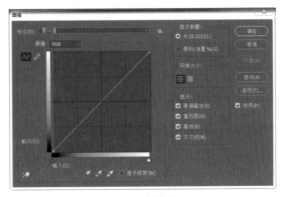

图 5.5 曲线窗口

（5）自动对比度：可执行等量的对比度调整，快捷键为"Ctrl+Shift+Alt+L"。

第二节 色彩调整二

（1）色相/饱和度（图5.6）：可调整图像成分的色相、饱和度和明度，快捷键为"Ctrl+U"。

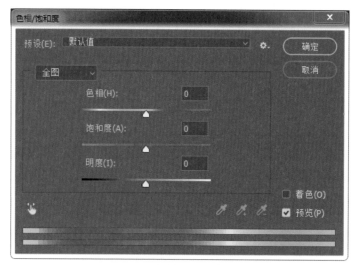

图5.6 色相/饱和度窗口

（2）色彩平衡（图5.7）：可以在彩色图像中混合改变颜色，快捷键为"Ctrl+B"。

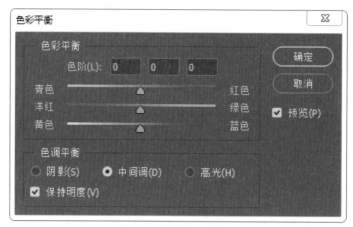

图5.7 色彩平衡窗口

（3）去色：可以去除图像的色彩，快捷键为"Ctrl+Shift+U"。

（4）替换颜色（图5.8）：可在图像中选定颜色，然后调整它的色相、饱和度、明度，相当于色彩范围加色相/饱和度。

图 5.8　替换颜色窗口

（5）自动颜色：可用来校正不平衡问题和调整颜色，快捷键为"Ctrl+Shift+B"。

（6）反相：可以翻转图像中的像素，颜色转换为这种颜色的补色，快捷键为"Ctrl+I"。

（7）照片滤镜（图 5.9）：调整图形的色温。

图 5.9　照片滤镜窗口

色彩的调整有很多需要我们逐一实践，一定要把每个对话窗口里的命令都试一遍，仔细琢磨每个命令的巧妙之处。

第三节 创意图像合成练习

创意图像通常在创作时,遵循如下原则。

(1)冲击性原则。在令人眼花缭乱的广告中,要想迅速吸引人们的视线,在创意时就必须把提升视觉张力放在首位。照片是广告中常用的视觉内容。据统计,在美国、欧洲、日本等经济发达国家,平面视觉广告中 95% 是采用摄影及合成手段完成的。

(2)新奇性原则。新奇是作品引人注目的奥秘所在,也是一条不可忽视的创意规律。有了新奇,作品才能波澜起伏,奇峰突起,引人入胜;有了新奇,才能使广告主题得到深化、升华;有了新奇,才能使广告创意远离自然主义向更高的境界飞翔。

(3)包蕴性原则。吸引人们眼球的是形式,打动人心的是内容。独特醒目的形式必须蕴含耐人思索的深邃内容,才能拥有吸引人一看再看的魅力。这就要求创意不能停留在表层,而要使"本质"通过"表象"显现出来,这样才能有效地挖掘读者内心深处的渴望。

好的创意是将熟悉的事物进行巧妙组合而达到新奇的传播效果。创意的确立,同时围绕创意的选材,材料的加工,Photoshop 的后期制作,都伴随着形象思维的推敲过程。推敲的目的是为了使作品精确、聚焦、闪光。

(4)渗透性原则。人最美好的感觉就是感动。感人心者,莫过于情。读者情感的变化必定会引起态度的变化,出色的创意往往把"以情动人"作为追求的目标,如希望工程著名的照片"大眼睛"(图 5.10)。

图 5.10　希望工程宣传图片

(5)简单性原则。牛顿说:"自然界喜欢简单。"一些揭示自然界普遍规律的表达方式都是异乎寻常的简单。国际上流行的创意风格越来越简单、明快。一个好的创意表现方法包括三个方面:清晰、简练和结构得当。简单的本质是精炼化。广告创意的简单,除了从思想上提炼,还可以从形式上提纯。简单明了决不等于无须构思的粗制滥造,构思精巧也决不意味着高深莫测。平中见奇、意料之外、情理之中往往是创意时渴求的目标。

总之,一个带有冲击性、包蕴深邃内容、能够感动人心、新奇而又简单的创意,首先需要想象和思考。只有运用创新思维方式,获得超常的创意来打破读者视觉上的"恒常性",寓情于景，情景交融，才能唤起作品的诗意，取得超乎寻常的传播效果。

　　在这之前笔者的经验是多看多练，量变才能产生质变，下面仔细观看一下图 5.11 至图
5.13。

图 5.11　少女魔法师

图 5.12　海洋与沙漠之一

图 5.13　海洋与沙漠之二

第四节　创意广告合成练习

广告创意是指通过独特的技术手法或巧妙的广告创作脚本,突出体现产品特性和品牌内涵,并以此促进产品销售。广告创意包括垂直思考和水平思考。垂直思考用眼,想到的是和事物直接相关的物理特性。优秀的广告创意立即冲击消费者的感官,并引起强烈的情绪性反应,是降低购买阻力、促进消费行为的有效因素;而拙劣的创意,只会增加消费者的反感,导致消费者对商品的好感度下降,并最终导致消费者终止对该品牌的购买。

我们欣赏的很多优秀广告设计,实际画面上并没有太多的文字赘述,甚至通篇不见文字,而是完全通过图形图像创意来表达产品的内涵特征(图 5.14 至图 5.17),这些语境的表达离不开 Photoshop,多多去借鉴,站在巨人的肩膀上,你会看得更远,相信你会带给大家更多的惊喜。

做以下几幅作品的相似创意练习。

图 5.14　酒水广告一

图 5.15　酒水广告二

图 5.16　饮料广告一

图 5.17　饮料广告二

课外作业

利用本书或其他创意方法，做创意图像的练习，要求全部图片必须由本人拍摄。

第五章

第六章 文字工具与查看工具
（名片、手提袋设计，小载体大内涵）

设计语言中与版式、图形、图像和色彩同样重要的还有文字。记住，文字是传播效率最高、识别性最强和最具直观性的设计元素，所以文字在设计中的地位举足轻重。

平面设计基本上是由图形、色彩、文字三大设计要素组成的，作为三要素之一的文字设计是关键的一环，它的设计将直接影响三要素之间关系的协调和信息的准确传递。在平面设计中字体是十分重要的表现元素，字体设计决定了平面设计因素的感染力，在平面设计中发挥着不可替代的作用。字体设计的良好运用，能够有效地提高平面设计作品的视觉表现力，丰富作品的内涵，增强视觉传达的效果，同时也能够带给观众独特的审美享受，对于平面设计有着重要的意义。

有些设计师喜欢给文字加各种特效，早期有些老师和教材在做 Photoshop 练习时也有很多发光字、火焰字等文字特效的专项练习；笔者认为任何对字库字体进行变形特效的处理后都会降低文字的识别性，Photoshop 的外挂滤镜插件可以轻松获得更多更好的效果，所以这种练习其实并没有那么必要，不是不可以对文字进行艺术处理，但要注意其识别性。还有的设计师为了照顾版面的需要，随便将内文拉长或压扁，这些操作实际上都会降低文字的识别性和可读性，不要选艺术性太强的字，内文一般选择黑体、宋体、楷体等识别性较强的字体。字库里的字体是书法家、设计师和软件开发人员千锤百炼制作出来的，照顾到了美观性和通用性等各种特性，已经有较高的视觉美感了，所以，不要肆意去改变它的形体比例，但特殊创意和设计需要除外。

第一节 文字工具

按快捷键"T"就会选择文字工具，文字工具的图标也是大写的"T"字，很容易识别，按"F7"键弹出图层窗口，在画布上单击或拖动会自动建立一个文字图层，在文字图层中很多滤镜和特效是不能执行的，需要先执行"文字"菜单中的"栅格化文字图层"命令，将其转换为位图才可以使用。文字还可以"转换为形状"和"创建工作路径"，这都可以在"文字"菜单中设置（图 6.1）。

图 6.1 "文字"菜单

一、文字的分类

（1）美术字文本：直接输入的文本。

优点：输入方便，便于编辑。

缺点：不能自动换行。

适合：少量文本的输入，可用对图像处理的方法编辑美术字文本。

（2）段落文本：按住鼠标左键拖拉，在文本框中输入的文字。

优点：可以自动换行。

缺点：输入不方便，不便于编辑。

适合：输入段落较长的文本，如说明书、宣传材料等。

二、文字的输入

文字的输入方式有四种，文字工具如图 6.2 所示。

图 6.2　文字工具

三、字符的编辑(文字 / 面板 / 字符面板)

在选择文字工具的情况下,使用快捷键"Ctrl+ T"会弹出字符和段落窗口(图 6.3),这个面板的内容和 Microsoft Office 系列软件等很多应用软件的内容基本一致,可以进行文字的字体、字号等设置,如设置字体、字号、字距、行距、文字样式等。

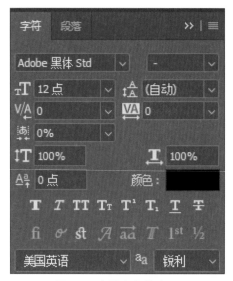

图 6.3　字符和段落窗口

四、段落的编辑(文字 / 面板 / 段落面板)

段落的编辑是指对段落文本进行对齐、缩进、段落间距等的操作。

五、变形文本

使输入的文字产生变形。本人更喜欢在选择工具下使用自由变换命令(快捷键为"Ctrl+ T")进行操作。这里需要注意,这和弹出字符窗口的快捷键是一样的,不同的是前者需要在文字工具选择状态下执行。

六、文本适配路径

文本适配路径是指文字绕路径排列，如制作校徽需要文字绕圆形排列，但要先有路径才可以操作。

七、内置文本

内置文本是指文字在闭合路径内排列。如在矩形工具上方的属性面板找到心形，在图像中画出一个心形（绘制过程中可以按住"Shift"键保持长宽比），将文字工具停留在心形之内，然后单击鼠标左键会出现文字输入光标，再输入字母 LOVE，复制粘贴几次，使其充满整个图形，这样就得到一个充满爱的心形了。

第二节　吸管工具和"线、格、尺"的使用

一、吸管类工具

吸管类工具如图 6.4 所示。

图 6.4　吸管类工具

1. 吸管工具

吸管工具用于吸取颜色，将其添加在前景色中。

颜色取样器工具用于记录颜色信息，最多能记录四种颜色。

2. 标尺工具

度量工具：在属性栏中记录图形尺寸。

度量直线：在属性栏中观察图形尺寸。度量一直线后，按住"Alt"键可度量图形的角度。在属性栏中观察图形的尺寸。

纠正倾斜图形：在图形中本应该是水平或垂直的位置度量一条线，可通过"图像 > 旋转画布 > 任意角度"命令调整。

3. 注释工具

语音注释工具:用麦克风录音。

文字注释工具:在文本对话框中输入文字作为注释。

二、参考线、网格、标尺、显示

(1)标尺:"CtrL+R"/参考线:"Ctrl+:"/网格:"Ctrl+'"。

(2)设置:使用"编辑 > 预置"命令。

这几个工具在"视图"菜单里可以找到,如图 6.5 所示。

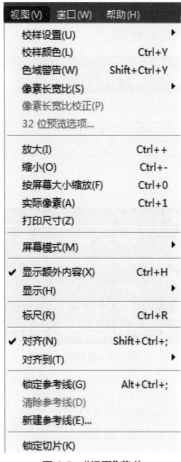

图 6.5 "视图"菜单

三、图像旋转

Photoshop 图像菜单提供了固定角度 180° 的旋转和 90° 的顺时针、逆时针旋转,也提供了设置任意旋转角度的命令,还提供了水平或垂直翻转画布等功能。

第三节　名片设计练习

名片虽小，但里面包含了很多元素，尤其文字是不可或缺的。我们临摹些优秀作品，细细体会字体、字号的微妙变化。

没有人规定，名片必须是方的，但是要注意，名片的一般尺寸是 90 mm×54 mm、90 mm×50 mm、90 mm×45 mm，加上出血上下左右各 2 mm，制作尺寸必须设定为 94 mm×58 mm、94 mm×54 mm、94 mm×49 mm，出血的线就用参考线来表现，今后做设计一定要注意印刷的出血问题。名片规格大了放不到名片夹里，时间长了很容易被丢弃。名片设计案例如图 6.6 和图 6.7 所示。

图 6.6　名片设计一

图 6.7　名片设计二

第四节　手提袋设计练习

手提袋是最常见的一款包装,它会直接影响消费者对产品的购买欲和对产品质量的评价。手提袋设计对企业的形象都有着不可忽略的重要性。

设计要求简洁大方,通俗易懂,手提袋的文字、色彩处理在手提袋设计中是至关重要的。文字是信息传达最迅速的设计元素。色彩的整体效果不仅要吸引消费者更要具有时尚的个性,可以牢牢地吸引消费者的眼光,通过色彩的设计产生不同的设计感受,以达到更好效果。

手提袋通常有如下尺寸:大度对开纸袋参考尺寸 884 mm × 584 mm,正度对开纸袋参考尺寸 771 mm × 529 mm,大度 3 开手提袋参考版式尺寸 874 mm × 394 mm,正度 3 开手提袋参考版式尺寸 771 mm × 529 mm,大度 4 开手提袋参考版式尺寸 597 mm × 431 mm,正度 4 开手提袋参考版式尺寸 544 mm × 389 mm,大度 6 开手提袋参考版式尺寸 441 mm × 396 mm,大度 8 开手提袋参考版式尺寸 441 mm × 297 mm。

名片通常只有单面或是正反面,而手提袋设计时要考虑它不同平面元素间的关系。手提袋设计案例如图 6.8 和图 6.9 所示。

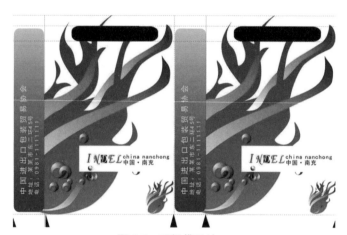

图 6.8　手提袋设计一

图 6.9　手提袋设计二

为了更直观地把制作成品效果展现在客户面前，请你试着用 Photoshop 做个三维效果图。注意侧面的折叠效果，近大远小透视关系要正确，找个真实的绳子剪切过来更具真实感。手提袋三维效果如图 6.10 和图 6.11 所示。

图 6.10　手提袋三维效果图一

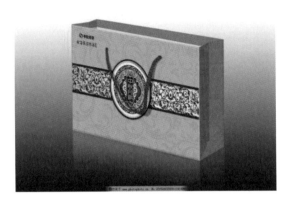

图 6.11　手提袋三维效果图二

课外作业

设计一份个人简介，要求有照片，简介内容不少于 200 字，标题段落清晰，尺寸 A4，分辨率 300 像素 / 英寸。

第六章

第七章

图层精讲

（报纸、杂志广告设计，坚守的传统）

在没有计算机技术的年代，动画设计是由动画师用笔在专业的、透明度极高的赛璐珞片（类似透明的塑料纸片）上绘制完成的，多张赛璐珞片重叠拍成胶片，放入电影机从而制作出动画。手工绘制赛璐珞片与赛璐珞片示意如图 7.1 所示。为了便于修改和完成动作的变化，场景、人物等要素往往用几张赛璐珞片层叠起来，元素之间互不干扰，修改起来只需要修改局部，这样可提高工作效率。

图 7.1　手工绘制赛璐珞片与赛璐珞片示意

Photoshop 中的层，最主要的功能就是将不同元素以层的形式进行分隔，以便于编辑修改，并且还延伸出来更多的功能。通俗地讲，图层就像是含有文字或图形等元素的赛璐珞片，一张张按顺序叠放在一起，组合起来形成页面的最终效果。图层可以将页面上的元素精确定位。图层中可以加入文本、图片、表格、插件，也可以在里面再嵌套图层。

那么想象一下，如果不是直接画在纸上，而是先在纸上铺一层透明的塑料薄膜，把脸庞画在这张透明薄膜上，画完后再铺一层薄膜画上眼睛，再铺一张画鼻子。将脸庞、鼻子、眼睛分为三个透明薄膜层，这样完成的成品，和先前在纸上的视觉效果是一致的。

第一节　再识图层

从 Photoshop 专门为图层设置的"图层"菜单（图 7.2），可见图层的重要性。

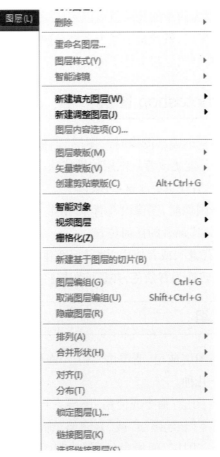

图 7.2　"图层"菜单

单击"F7"键，弹出图层窗口（图 7.3），通过鼠标单击可以选择任意图层，按住"Ctrl"键，可以多选。窗口右上角有一个方向向下的三角图标，单击会弹出下拉菜单，可以进行新建、复制、删除图层等操作，当然，在通过"菜单 > 图层"里的命令也可以进行相同的操作。

图 7.3　图层窗口

有一点需要注意,不要以为简单的几层就可以完成一个设计作品。在实际工作中,进行设计往往需要几十层甚至更多层,就像是个摩天大楼,这时就不能再像楼房一样只简单按数字来标注楼层了,注意一定要给图层起个易于记忆的名字,以避免不必要的混淆。

一、转换背景和 Photoshop 图层

使用白色背景或彩色背景创建新图像时,“图层”面板中最下面的图像称为背景。一幅图像只能有一个背景图层。不能更改背景图层的堆栈顺序、混合模式或不透明度。不过,可以将背景转换为常规图层,然后任意更改这些属性。

创建包含透明内容的新图像时,图像没有背景图层。最下面的图层不像背景图层那样受到限制,可以将它移到“图层”面板的任何位置。

双击“图层”面板中的“背景”,或者使用“图层 > 新建 > 图层背景”命令,可以设置图层。图层中的任何透明像素都被转换为背景色,并且该图层将放置到图层堆栈的底部。

二、创建新图层或组

要使用默认选项创建新图层或组,请单击“图层”面板中的“创建新图层”或“新建组”按钮 。执行操作方式有以下几种。

(1)使用“图层 > 新建 > 图层”命令或使用“图层 > 新建 > 组”命令。

(2)从“图层”菜单中选择“新建图层”或“新建组”命令。

(3)按住“Alt”键并单击“图层”面板中的“创建新图层”或“新建组”按钮,以显示“新建图层”对话框并设置图层选项。

(4)按住“Ctrl”键并单击“图层”面板中的“创建新图层”或“新建组”按钮,以在当前选中的图层下添加一个图层。

三、图层的合并和链接

(1)合并下一层 / 合并链接图层:快捷键为“Ctrl+E”。

(2)合并可见图层:快捷键为“Ctrl+Shift+E”。

(3)将所有图层合并到一个新层上:快捷键为“Ctrl+Shift+Alt+E”。

(4)按住“Ctrl”键选择需要的图层,单击鼠标右键选择“链接图层”命令,这样可以将几个图层进行链接,同时改变链接层的形状等属性,但是执行滤镜等命令时则不同时改变。

四、图层的排列

图层可以排列前后顺序,执行操作有以下几种。

(1)移至顶层:快捷键为“Shift+Ctrl+]”。

(2)移至底层:快捷键为“Shift+Ctrl+[”。

（3）向上一层：快捷键为"Ctrl+]"。

（4）向下一层：快捷键为"Ctrl+["。

五、图层的对齐与分布

选择链接图层后，在移动工具属性栏中单击相应按钮即可完成图层的对齐和分布。

（1）对齐：链接图层中的图形在指定的位置上对齐。

（2）分布：链接图层中的图形产生相等的间距。

六、蒙版

蒙版用于保护不需要操作的区域。

（1）快速蒙版（"Q"）：做选区。快速蒙版状态下使用画笔工具（前景色为黑色时不做选区，白色时做选区，灰色时半透明）。

（2）图层蒙版：显示与隐藏图形（黑色隐藏，白色显示，灰色半透明）。

七、与前一图层编组

按"Ctrl+G"键用上一图层中图形的形状显示下一图层中图形的内容。

（1）取消编组：快捷键为"Ctrl+Shift+G"。

（2）粘贴入：用最后绘制的选区显示复制的内容，快捷键为"Ctrl+Shift+V"。

八、不透明度设置

单击窗口"不透明度"右侧的三角，会弹出一个操纵杆，可以进行 0%~100% 的不透明度设置。就像英语经常与汉语顺序相反一样，软件一般不用"透明度"表述，而是用"不透明度"，0% 代表完全透明，也就是看不到这个设置图层上的任何形象。

九、嵌套图层

嵌套指的是在已有的表格、图像或图层中再加进去一个或多个表格、图像或图层，或者两个物体有装配关系时，将一个物体嵌入另一物体的方法。Photoshop 图层组可以是多级嵌套的，在一个图层组之下还可以建立新的层组，通俗地说就是组中组。

十、盖印图层

盖印图层实现的结果和合并图层差不多，也就是把图层合并在一起生成一个新的图层，快捷键为"Ctrl+Alt+Shift+E"。与合并图层所不同的是，盖印图层是生成新的图层，而被合并的图层依然存在,不发生变化。这样的好处是不会破坏原有图层,如果对盖印图层不满意,可以随时删除掉。

第二节 图层样式和图层混合模式

一、图层样式

Adobe 公司的另一款矢量图形软件 AI,很多图形特殊效果的实现是通过滤镜完成的,而 Photoshop 则可以通过图层的图层样式命令完成,鼠标双击任意图层,图层样式窗口就会弹出来,如图 7.4 所示。文字、图形的立体、发光和阴影等艺术效果都可以在这里轻松实现了。

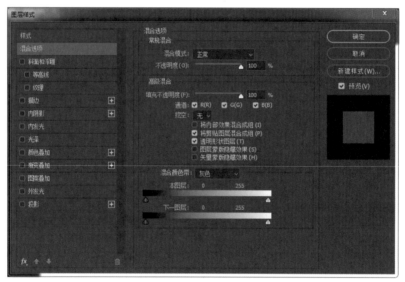

图 7.4 图层样式窗口

（1）投影:模拟投影。

（2）内阴影:在图形内部作投影,用于模拟凹陷的状态。

（3）外发光:模拟霓虹灯,发光效果。

（4）内发光:与外发光相反,在图形内部可做图形内部颜色填充。

（5）斜面浮雕:是图层样式中最常用的效果,可模拟立体的图形。

（6）颜色:可为图层中的图形做渐变填充。其作用同渐变工具,但它可以自由缩放渐变颜色。

（7）图案叠加:可叠加也可为图层中的图形做单色填充。

（8）渐变叠加:为图层中的图形做图案填充,同"编辑 > 填充"命令,但可以自由缩放渐变颜色。

（9）描边：可为图层中的图形做描边，同"编辑 > 描边"命令，但可以对图形做单色、渐变以及图案的边缘等处理。

（10）图层样式转图层：使用"菜单图层 > 图层样式 > 创建图层"命令。

二、图层混合模式

在 Photoshop 众多炫酷功能中，这是个很容易被人忽略的功能，经过今天学习后，我相信它会引起你的注意。混合模式是什么呢？我们可以将混合模式按照下拉菜单中的分组来进行分类：变暗类模式、变亮类模式、饱和度类模式、差值类模式和颜色类模式。图层混合模式如图 7.5 所示。

图 7.5　图层混合模式

图层混合模式决定当前图层中的像素与其下面图层中的像素以何种模式进行混合，简称图层模式。图层混合模式是 Photoshop 中最核心的功能之一，也是在图像处理中最为常用的一种技术手段。使用图层混合模式可以创建各种图层特效，实现充满创意的平面设计作品。Photoshop 中通用版本目前有 27 种图层混合模式，每种模式都有其各自的运算公式。因此，对同样的两幅图像，设置不同的图层混合模式，得到的图像效果也是不同的。记住图层混合模式一定不是单图层的操作。

下面通过一些图片有选择地看下执行图层混合模式命令前后的效果（摄影作品作者何小勇）。

1. 正常模式

在正常模式下，"混合色"的显示与不透明度的设置有关。当"不透明度"为100%，也就是说完全不透明时，"结果色"的像素将完全由所用的"混合色"代替；当"不透明度"小于100%时，混合色的像素会透过所用的颜色显示出来，显示的程度取决于不透明度的设置与"基色"，也就是下一图层的颜色。下面先把图片底层设为单色橙红色。原图如图7.6所示，正常模式透明度70%的效果如图7.7所示。

图 7.6　原图　　　　　　　　　　　　图 7.7　正常模式透明度 70%

2. 溶解模式

在溶解模式中，主要是在编辑或绘制每个像素时，使其成为"结果色"。但是，根据任意像素位置的不透明度，"结果色"由"基色"或"混合色"的像素随机替换。因此，溶解模式同Photoshop 中的一些着色工具一同使用效果比较好，如"画笔""仿制图章""橡皮擦"工具等，也可以使用文字。溶解模式的效果如图7.8 所示。

图 7.8　溶解模式，填充 70%

3. 变暗模式

在变暗模式中，查看每个通道中的颜色信息，并选择"基色"或"混合色"中较暗的颜色作为"结果色"。比"混合色"亮的像素被替换，比"混合色"暗的像素保持不变。变暗模式将导致比背景颜色更淡的颜色从"结果色"中被去掉,从图 7.9 中可以看到,亮色的天空被比它颜色深的颜色替换掉了。

图 7.9　变暗模式

4. 正片叠底模式

在正片叠底模式中,查看每个通道中的颜色信息,可将"基色"与"混合色"复合。"结果色"总是较暗的颜色。任何颜色与黑色复合会产生黑色。任何颜色与白色复合颜色将保持不变。当用黑色或白色以外的颜色绘画时,绘画工具绘制的连续描边会产生逐渐变暗的过渡色。正片叠底模式效果如图 7.10 所示。

图 7.10　正片叠底模式

5. 颜色加深模式

在颜色加深模式中,查看每个通道中的颜色信息,并通过增加对比度使"基色"变暗以反映"混合色",如果与白色混合的话将不会产生变化,如图 7.11 所示除了背景上的较淡区域消失且图像区域呈现尖锐的边缘特性之外,颜色加深模式创建的效果和正片叠底模式创建的效果比较类似。颜色加深模式的效果如图 7.11 所示。

图 7.11　颜色加深模式

6. 线性加深模式

在"线性加深"模式中,查看每个通道中的颜色信息,并通过减小亮度使"基色"变暗以反映混合色。如果"混合色"与"基色"上的白色混合,那么将不会产生变化。线性加深模式的效果如图 7.12 所示。

图 7.12　线性加深模式

7. 变亮模式

审美疲劳了,换张原图,在变亮模式中,查看每个通道中的颜色信息,并选择"基色"或"混合色"中较亮的颜色作为"结果色"。比"混合色"暗的像素被替换,比"混合色"亮的像素不变。在这种与"变暗"模式相反的模式下,较淡的颜色区域在最终的"合成色"中占主要地位。较暗区域并不出现在最终"合成色"中。原图如图 7.13 所示,变亮模式的效果如图 7.14 所示。

图 7.13　原图

图 7.14　变亮模式

8. 滤色模式

滤色模式与正片叠底模式正好相反，它将图像的"基色"颜色与"混合色"颜色结合起来产生比两种颜色都浅的第三种颜色，如图 7.15 所示。其实就是将"混合色"的互补色与"基色"复合。"结果色"总是较亮的颜色。用黑色过滤时颜色保持不变。用白色过滤将产生白色。无论在滤色模式下用着色工具采用一种颜色，还是对滤色模式指定一个层，合并的"结果色"始终是相同的合成颜色或一种更淡的颜色。滤色模式的效果如图 7.15 所示。

图 7.15　滤色模式

9. 颜色减淡模式

在颜色减淡模式中，查看每个通道中的颜色信息，并通过减小对比度使基色变亮以反映混合色。与黑色混合则不发生变化。除了指定在这个模式的层上边缘区域更尖锐以及在这个模式下着色的笔画之外，颜色减淡模式类似于滤色模式创建的效果，如图 7.16 所示。另外，不管何时定义颜色减淡模式混合"混合色"与"基色"像素，"基色"上的暗区域都将会消失。

图 7.16　颜色减淡模式

10. 线性减淡模式

在线性减淡模式中，查看每个通道中的颜色信息，并通过增加亮度使基色变亮以反映混合色，如图 7.17 所示。但是大家可不要与黑色混合，那样是不会发生变化的。

图 7.17　线性减淡模式

11. 叠加模式

叠加模式把图像的"基色"与"混合色"相混合产生一种中间色。"基色"内颜色比"混合色"颜色暗的颜色使"混合色"颜色倍增,比"混合色"颜色亮的颜色将使"混合色"颜色被遮盖,而图像内的高亮部分和阴影部分保持不变,因此对黑色或白色像素着色时叠加模式不起作用。叠加模式以一种非艺术逻辑的方式把放置或应用到一个层上的颜色同背景色进行混合,可以得到有趣的效果。背景图像中的纯黑色或纯白色区域无法在叠加模式下显示层上的"叠加"着色或图像区域。背景区域上落在黑色和白色之间的亮度值同"叠加"材料的颜色混合在一起,产生最终的合成颜色。原图如图 7.18 所示,叠加模式的效果如图 7.19 所示。

图 7.18　原图

图 7.19　叠加模式

12. 柔光模式

柔光模式会产生一种柔光照射的效果。如果"混合色"比"基色"的像素更亮一些,那么"结果色"将更亮;如果"混合色"比"基色"的像素更暗一些,那么"结果色"颜色将更暗,这会使图像的亮度反差增大。柔光模式的效果如图 7.20 所示。

图 7.20　柔光模式

13. 强光模式

强光模式将产生一种强光照射的效果。如果"混合色"颜色比"基色"颜色的像素更亮一些，那么"结果色"颜色将更亮；如果"混合色"颜色比"基色"颜色的像素更暗一些，那么"结果色"将更暗。除了根据背景中的颜色而使背景色是多重的或屏蔽的之外，这种模式实质上同柔光模式是一样的，它的效果要比柔光模式更强烈一些。同叠加一样，这种模式也可以在背景对象的表面模拟图案或文本。强光模式的效果如图 7.21 所示。

图 7.21　强光模式

14. 亮光模式

通过增加或减小对比度来加深或减淡颜色，具体取决于混合色。如果混合色（光源）比50% 灰色亮，则通过减小对比度使图像变亮。如果混合色比 50% 灰色暗，则通过增加对比度使图像变暗。亮光模式的效果如图 7.22 所示。

图 7.22　亮光模式

15. 线性光模式

通过减小或增加亮度来加深或减淡颜色,具体取决于混合色。如果混合色(光源)比50%灰色亮,则通过增加亮度使图像变亮。如果混合色比50%灰色暗,则通过减小亮度使图像变暗。线性光模式的效果如图7.23所示。

图 7.23 线性光模式

16. 点光模式

点光模式其实就是替换颜色,其具体取决于"混合色"。如果"混合色"比50%灰色亮,则替换比"混合色"暗的像素,而不改变比"混合色"亮的像素。如果"混合色"比50%灰色暗,则替换比"混合色"亮的像素,而不改变比"混合色"暗的像素。这对于向图像添加特殊效果非常有用。点光模式的效果如图7.24所示。

图 7.24 点光模式

17. 差值模式

藏区美图来袭,美得叫人窒息。在差值模式中,查看每个通道中的颜色信息,差值模式是将图像中"基色"颜色的亮度值减去"混合色"颜色的亮度值,如果结果为负,则取正值,产生反相效果。由于黑色的亮度值为0,白色的亮度值为255,因此用黑色着色不会产生任何影响,用白色着色则产生被着色的原始像素颜色的反相。差值模式创建背景颜色的相反色彩。例如,在差值模式下,当把蓝色应用到绿色背景中时将产生一种青绿组合色。差值模式适用于模拟原始设计的底片,而且可用来在背景颜色从一个区域到另一区域发生变化的图像中生成突出效果。原图如图7.25所示,差值模式的效果如图7.26所示。

图 7.25　原图

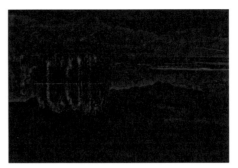

图 7.26　差值模式

18. 排除模式

排除模式与差值模式相似，但是具有高对比度和低饱和度的特点。比用差值模式获得的颜色要柔和、明亮一些。建议在处理图像时，首先选择差值模式，若效果不够理想，可以选择排除模式来试试。其中与白色混合将反转"基色"值，而与黑色混合则不发生变化。其实无论是差值模式还是排除模式都能使人物或自然景色图像产生更真实或更吸引人的图像合成。排除模式的效果如图 7.27 所示。

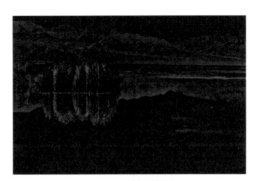

图 7.27　排除模式

19. 色相模式

色相模式只用"混合色"颜色的色相值进行着色，而使饱和度和亮度值保持不变。当"基色"颜色与"混合色"颜色的色相值不同时，才能使用描绘颜色进行着色，如图 7.28 所示。但是要注意的是色相模式不能用于灰度模式的图像。

图 7.28　色相模式

20. 饱和度模式

饱和度模式的作用方式与色相模式相似,它只用"混合色"颜色的饱和度值进行着色,而使色相值和亮度值保持不变。当"基色"颜色与"混合色"颜色的饱和度值不同时,才能使用描绘颜色进行着色处理,如图 7.29 所示。 在无饱和度的区域上(也就是灰色区域中)用饱和度模式是不会产生任何效果的。

图 7.29　饱和度模式

21. 颜色模式

颜色模式能够使用"混合色"颜色的饱和度值和色相值同时进行着色,而使"基色"颜色的亮度值保持不变。颜色模式可以看成是饱和度模式和色相模式的综合效果。该模式能够使灰色图像的阴影或轮廓透过着色的颜色显示出来,产生某种色彩化的效果。这样可以保留图像中的灰阶,并且对于给单色图像上色和给彩色图像着色都会非常有用。颜色模式的效果如图 7.30 所示。

图 7.30　颜色模式

22. 明度模式

明度模式能够使用"混合色"颜色的亮度值进行着色,而保持"基色"颜色的饱和度和色相数值不变。其实就是用"基色"中的"色相"和"饱和度"以及"混合色"的亮度创建"结果色"。此模式创建的效果是与颜色模式创建的效果相反。明度模式的效果如图 7.31 所示。

图 7.31 明度模式

把一张照片复制相同的层作为底层再看看效果，换换不同的底色又是别样的感受。在脑海里要形成这些不同效果的记忆，以便于在具体设计实践中能够想到：对了，Photoshop 还有这样或那样的效果，便于顺利实现你的设计意图。就像厨师需要认识各种调料一样，若想选对调料除了师傅的教授，还需要记忆和实践，否则再好的调料束之高阁不用或是用不对地方，也烹饪不出美味。Photoshop 的炫酷命令就在那里等着你，记住它，找到它，实践它吧。

第三节　报纸广告设计练习

报纸广告版面分为 8 类：报花广告、报眼广告、半通栏广告、单通栏广告、双通栏广告、半版广告、整版广告、跨版广告等。

因为现在媒体竞争激烈。大家采用不同的印刷用纸，质地和报纸广告版面尺寸都有不同，虽然现在纸质媒体的受众越来越窄，但依然生命力顽强，短期内依然会有一定市场占有率。具体尺寸一定要以媒体的广告刊列为准。下面介绍几种不同版面的报纸广告形式。

1. 半通栏广告

半通栏广告一般分为大小两类：约 65 mm×120 mm 和约 100 mm×170 mm。由于这类广告版面较小，而且众多广告排列在一起，互相干扰，广告效果容易互相削弱。因此，如何使广告做得超凡脱俗，新颖独特，使之从众多广告中脱颖而出，跳入读者视线，是应特别注意的。

2. 单通栏广告

单通栏广告有两种类型：约 100 mm×350 mm 和约 650 mm×235 mm。它是广告中最常见的一种版面，符合人们的正常视觉，因此版面自身有一定的说服力。

3. 双通栏广告

双通栏广告一般有两种类型：约 200 mm×350 mm 和约 130 mm×235 mm。在版面面积上，它是单通栏广告的 2 倍。

4. 半版广告

半版广告一般有两种类型：约 250 mm×350 mm 和约 170 mm×235 mm。半版与整版和跨版广告，均被称为大版面广告，是广告主雄厚的经济实力的体现。

5. 整版广告

整版广告一般有两种类型：500 mm×350 mm 和 340 mm×235 mm。它是我国单版广告中最大的版面，给人以视野开阔，气势恢宏的感觉。

6. 跨版广告

跨版广告（如图 7.32）即一个广告作品，刊登在两个或两个以上的报纸版面上。一般有整版跨板、半版跨板、1/4 版跨版等几种形式。跨版广告很能体现企业的大气魄、厚基础和经济实力，是大企业所乐于采用的。分辨率当然是 300 像素 / 英寸最好，但是由于报纸纸张比较粗糙，稍微小些也无伤大雅。

图 7.32　报纸广告设计一

版面设计的文字排列没人告诉你一定是方的，如图 7.33 所示。

图 7.33　报纸广告设计二

第四节　杂志广告设计练习

　　现今出版的杂志，多是铜版纸印刷，纸质细腻，分辨率必须是 300 像素 / 英寸才能保证印刷的效果。同样是受到新媒体的冲击，杂志也日益萎缩，可能大家会有这样的经历，坐飞机时翻看精美的杂志是种很好的体验。杂志的尺度一般为 285 mm×210 mm，比起 A4 纸的尺寸略小一点，出血一般是 3 mm；版心（字或图片）距离版面边四周都要 5 mm 以上。

　　参考图 7.34 和 7.35 的设计，找不同的图片进行组合吧，但要注意透视角度和色彩的统一。

图 7.34　杂志广告设计一

图 7.35　杂志广告设计二

当然,你也可以根据需求选择 1/2、1/4 或更小的版面,这需要和发布的杂志沟通相关的版面要求。

课外作业

临摹一张电影海报,但人物换为你和你的同学们,相关图像找相似的照片替换,不允许使用临摹对象的内容,文字、图形等,需要重新制作。

第七章

第八章

蒙版

（婚纱照处理，我悄悄地蒙上你的眼睛）

Photoshop 的基本命令在前几章已经进行了介绍，不需要太多特殊效果的设计基本上都可以完成了，上一章学习了图层混合模式很多炫酷的效果，其实 PS 君还有很多更牛的功能命令，下面结合实例进行学习，这样更容易理解和掌握。

下一个出场的是相对比较难懂的蒙版。蒙版在 Photoshop 里的应用相当广泛，蒙版最大的特点就是可以反复修改，但却不会对图层产生影响。如果对蒙版调整的图像不满意，则可以去掉蒙版，而原图像不会受任何影响。蒙版真是一个非常神奇的工具。

实际上蒙版有快速蒙版、图层蒙版、矢量蒙版和剪切蒙版等多种形式，根据不同的设计需求经常会用到，初学者起码要掌握两种以上。

蒙版是浮在图层上的一块挡板，它本身不包含图像数据，只是对图层的部分数据起遮挡作用，当对图层进行操作处理时，被遮挡的数据将不会受影响。

蒙版其实就是 Photoshop 里面的一个层，最常见的是单色的层或有图案的层，叠在原有的照片层上面，就像是在一张照片上面放一块玻璃的道理一样，单色的层就是单色玻璃，有图案的层就是花纹玻璃，然后透过玻璃看照片就会有颜色或花纹的变化，比如放了绿色的蒙版之后画面的绿色就加强了。

蒙版的好处也像玻璃一样，不论对蒙版进行何种操作都不会直接影响到原有的图片，当然如果合并了层就有直接影响了。相对于调曲线和调色阶，蒙版是最简单易学的，因为要调节的参数不多，通常就只有一个透明度需要调整，而且保存为 PSD 文件可以保留蒙版层，所以即使有突发事件也可以保存供日后继续调整。用蒙版调色适合于恢复色调比较灰的照片，如果要全面修改画面的色调，那么最好配合其他工具一起使用。

一、蒙版原理

Photoshop 蒙版是将不同灰度色值转化为不同的透明度，并作用到它所在的图层，使图层不同部位透明度产生相应的变化。黑色为完全透明，白色为完全不透明。

二、蒙版的优点

蒙版有以下优点：

（1）修改方便，不会因为使用橡皮擦或剪切删除而造成不可返回的遗憾；

（2）运用不同滤镜，可以产生一些意想不到的特效；

（3）任何一张灰度图都可用来作蒙版。

三、蒙版的主要作用

蒙版的主要作用如下：

（1）抠图；

（2）做图的边缘淡化效果；

（3）图层间的溶融。

第一节　快速蒙版

一、美丽的面孔

好多面部修图（磨皮）教程里要求把人物的五官留出来，只修面部皮肤，下面就用快速蒙版工具（"Q"）来进行操作。快速蒙版工具如图 8.1 所示。

图 8.1　快速蒙版工具

下面，用快速蒙版把人物（图 8.2）的面部皮肤选出来，先单击"菜单 > 选择 > 在快速蒙版下编辑"命令，再选画笔，前景色设为黑色，涂需要保留的部分，涂过界的可以用白色画笔修改，灰色则可以进行不同程度的选择或修改。

图 8.2　原图

　　涂抹部分默认为红色，蒙版效果如图8.3所示。下面单击建立快速蒙版左边的按钮，退出快速蒙版工具（"Q"）。

图8.3　蒙版效果

　　此时，涂抹部分变为选取，但刚才红色的部分是蒙住的，那不是需要的，执行反选命令"Ctrl+Shift+I"。

　　这时，会发现边界处理比较生硬，那么画笔就能够在这里显示强大功能了，可以用软笔头，还可以用不同的透明度，甚至可以用各种图案笔刷刷出各种图案选区，另外还可以羽化等，这就需要在实践中不断总结经验了。

　　执行"Ctrl+J"命令可以建立新层，也是个抠图的过程，抠图效果如图8.4所示。

图8.4　抠图效果

二、梦露之美

　　（1）首先打开Photoshop软件，在里面打开需要处理的图片（图8.5）。

图 8.5　人像图片

（2）在图层面板上面拷贝两个图层。

（3）在背景图层上面新建一个图层，并用快捷键"Alt+Del"填充颜色，不要填充黑色，效果如图 8.6 所示。

图 8.6　新建图层填充颜色

（4）在图层 1 上面加正片叠底。

（5）按快捷键"Ctrl+L"设置色阶，用到第三个吸管再到图片上单击背景即可观察"图层1"背景是否变为白色。

（6）快速蒙版，涂抹后建立选区，蒙版效果如图 8.7 所示。

图 8.7　蒙版效果

（7）涂好之后，按键盘上面的"Ctrl"键多选图层 1 和副本移动到另外的画布上如图 8.8
所示。

图 8.8　沃霍尔的丝网印刷作品

（8）进行适当裁切完工后，完成效果图如图 8.9 所示。

图 8.9　完成效果

第二节 图层蒙版

在讲解这个重要工具前,先问一个问题,大家知道橡皮擦工具的作用吗? 橡皮擦工具可以把所选图片指定的地方擦掉。而蒙版跟橡皮擦工具差不多,它也可以把图片擦掉,但它比橡皮擦多了一个十分实用的功能,它可以把擦掉的地方还原。简单地说,图层蒙版就是一个不单可以擦掉,还可把擦掉的地方还原的橡皮擦工具。

图层蒙版是作图最常用的工具,平常所说的蒙版一般也是指的图层蒙版(本节所讲的蒙版均指图层蒙版)。可以这样说,如果没掌握蒙版,就不能说真正地学会了 Photoshop。

一、盛开的向日葵

打开一个向日葵图片(图 8.10)和一个人物图片,人物设置在上层,风景设置在下层,给人物层添加一个蒙版,单击菜单"图层 > 图层蒙版"命令。

图 8.10 向日葵

此时,在人物层出现了一个蒙版图标,而且这个图标显示为被编辑状态,现在的操作就是在蒙版上进行了。下面试着把人物融到背景里。确定图层窗口人物层右面的方框为选中状态;选黑色画笔,涂抹想隐去的部分,可以用软笔头把边缘涂得尽量自然,还可以用低透明度涂出若隐若现的效果,完成效果如图 8.11 所示。在蒙版上如果做得不满意,删掉蒙版就行了,不会对原始图片有任何影响。

图 8.11 完成效果

要删除蒙版可在蒙版图标上单击鼠标右键,用鼠标左键单击删除蒙版选项即可,还可以将蒙版图标拉到垃圾桶来完成删除。

二、蒙版特效

蒙版除了可以融合两个图层的不同图像外,还有很多实用的功能,具体如下。

1. 渐变融图

如果初学者对渐变知识点掌握得不牢固,就先去操作熟练,再往下学习。对人物层添加蒙版,拉出黑白渐变,黑色部分隐藏,白色部分显示,灰色部分过渡,关键是用渐变后过渡会非常自然,这是用手涂抹弄不出来的效果。

2. 调整图层的局部

进行图像处理的时候,经常只想对一些局部进行调整,建立调整图层为此提供了便利,因为调整图层同时链接了一个蒙版,通过对蒙版的操作,可以让调整的效果按照我们的意愿进行。

3. 其他局部调整

在调整层里进行调整给它加个蒙版可以实现局部调整。比如局部去色,假如想做出只有一朵向日葵花有颜色的效果,首先复制一层,将复制层去色,添加蒙版,涂出向日葵花就行了。效果如图 8.12 所示。

图 8.12　局部去色效果

三、透明水晶

这里需要把图 8.3 中的两个水晶鞋给抠出来,用魔棒工具也是可以的,但是冰块的透明度就需要通过其他的操作来进行,处理起来比较麻烦,所以优先选择使用图层蒙版来进行抠图。

图 8.13　水晶鞋

（1）按"Ctrl+J"键复制图层,或者是双击解锁背景图层,然后按"Ctrl+A"键全选图层,再按"Ctrl+C"键复制,然后在右下角,有个添加图层蒙版,单击"确定"按钮。

（2）把前面复制的图层粘贴在图层蒙版里面,注意,一定要按住"Alt"键再单击新建的图层蒙版,这样才可以把复制的图层粘贴到图层蒙版里面。

（3）选择套锁工具或钢笔工具,把两个冰块的轮廓给选定出来,使用钢笔的一个好处就是抠起来可以更加流畅些,只需要勾画冰块的选区即可。

（4）闭合路径,按"Ctrl+ Enter"键,然后再选择反选,同样,熟悉的话可以选择快捷键"Ctrl+Shift+I",接下来再对选定的区域进行颜色填充,选择前背景色为黑色。抠图效果如图 8.14 所示。

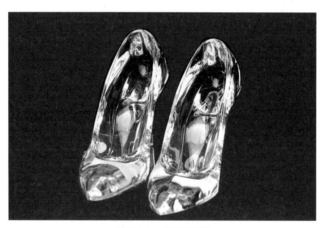

图 8.14　抠图效果

（5）完成上述步骤,基本上就完工了。测试一下效果,可以加入一个背景图层(图 8.15)看看如何。完成效果如图 8.16 所示。

图 8.15 灰姑娘

图 8.16 完成效果图

注意：其他的也可以使用图层蒙版来进行抠图，就算是原来的图层有颜色掺杂，也是可以使用图层蒙版的。比如，如果是蓝色的水晶鞋，那么可以使用滤色操作，在原来操作步骤的基础上，再加上一个滤色即可。

第三节 矢量蒙版、剪切蒙版和蒙版常识

1. 矢量蒙版

矢量蒙版，就是在蒙版上只能进行路径操作，需要用钢笔工具进行编辑。矢量蒙版实际上就是在蒙版上再添加蒙版，这时再加的就是矢量蒙版。矢量蒙版的操作与图层蒙版一样，只是变成了路径。

矢量蒙版可以通过路径控制图像的显示区域，但是仅能用于当前图层。

矢量蒙版中创建的形状是矢量图，可以使用钢笔工具和形状工具进行编辑修改，从而改变蒙版的遮罩区域，也可以对它任意缩放而不必担心产生锯齿。矢量蒙版不只可以用来抠图，还可以用来做字体设计。初学者可以使用 Photoshop 中的快捷键"Alt+L>V"或"图层 > 矢量蒙版 > 显示全部"命令创建矢量蒙版。

举例如下。

（1）打开 Photoshop，打开素材图（图 8.17）。复制一层，原图层不要删除。

图 8.17　雨伞

（2）用钢笔工具，在工具模式里选择路径，将伞用锚点勾好。当路径闭合后工具属性栏会出现选项用于选择建立什么。选择建立蒙版，得到抠好的伞图（图 8.18），此时在图层图标后有一个蒙版图标，这就是矢量蒙版。

图 8.18　抠图效果

（3）当抠的图细节没有处理好时，可以返回去修改。选中矢量蒙版图标，用直接选择工具，在伞的边缘上选择锚点，可以调整边缘。这样抠图比用选区工具直接抠掉背景要好一些，因为它可以随时修改。

此外还可以用这样的方法把图片做成一些特殊的形状路径。比如想要把这个很可爱的宝宝图片（图 8.19）做成花的形状。

图 8.19　人物图片

（1）可以先用钢笔工具，勾出花朵的形状，如图 8.20 所示。

图 8.20　钢笔工具勾出形状

（2）单击建立蒙版，隐藏背景图层，蒙版效果如图 8.21 所示。

图 8.21　蒙版效果

（3）选中矢量蒙版图标，用直接选择工具，按"Ctrl+T"键可以变形，而里面的人物却不会变形，可以控制人物被花朵框住的部分，十分方便。

2. 剪切蒙版

创建剪切蒙版时要有两个图层，对上面的图层创建剪切蒙版后，上面的图层只显示下面图层的形状，用下面的图层剪切上面的图层，即上面的图层只显示下面图层范围内的像素。剪贴蒙版只影响它的下一个图层。

下面来实际操作一下，在人物层下层填充一个小一些的方形，在两个图层间按住"Alt"键单击，就对人物层创建了剪切蒙版，当然也可以通过菜单创建。不断拖动方块层，直到得到满意的效果。剪切蒙版效果如图 8.22 所示。

图 8.22　剪切蒙版效果

3. 蒙版的常识

（1）创建蒙版，可以通过菜单创建。

（2）新建显示全部，全部是白的蒙版，全部显示。

（3）新建隐藏全部，全部是黑的蒙版，全部隐藏。在图层调板里按住"Alt"键单击新建蒙版就是隐藏全部蒙版。如果想调整的部分小，建立黑蒙版后，用白笔涂出要显示的那一小部分，很方便。

调整层建立的都是显示全部蒙版，要调整很小的一部分时，可以将蒙版填充黑色，就变成了隐藏全部蒙版。可以在蒙版上操作，也可以在图层上操作，分别试着点一下蒙版图标和图层图标，注意它们的编辑状态。

按住"Ctrl"键单击蒙版图标，可以获得在蒙版上的选区。可以使用图像调整菜单下不反白的选项对蒙版进行调整，也可以对蒙版使用几乎所有的滤镜，做出各种奇妙的效果。

还可以将通道里获得的选区粘贴到蒙版上。按住"Shift"键单击蒙版图标，可以停止使用蒙版。单击箭头所指的链接按钮，可以解除蒙版与图层的链接，也可以自由拖动蒙版或图层单独移动。可以新建立选区或载入储存的选区，再建立蒙版，这时建立的蒙版就是选区形状。网上还可以下载现成的蒙版素材，做出各种效果。

第四节　婚纱照场景处理练习

实际上，由于人们对美的追求，导致很多行业的诞生，比如韩国的某行业，国人的物质生活极大提高，照相也不再仅仅满足于证件照，更愿意留下更多更美的回忆，从而照相馆华丽转身蜕变为影楼，摄影后期处理这个行当应运而生。而现代数字技术的进步，美图秀秀等一批美颜软件差点叫这个行当消失，幸而无论你长相如何，软件处理的美女都像是一个模子刻出来的，所以创意是软件学不到的，你在掌握软件操作的同时，更重要的是 idea。

以上学习了蒙版的多种操作，那就怀着祝福的心用几种蒙版命令对图 8.23 操作下吧。

要结合前面学到的工具，多看案例，多多开动脑筋，不同的方法会呈现不同的效果。

图 8.23 婚纱照

课外作业

不知道你父母有没有婚纱照呢？没有婚纱照也有结婚照或是有纪念意义的照片，请找出来装点下吧！

第八章

第九章

通道精讲

（样本设计,带上道的设计师）

通道的概念,是由蒙版演变而来的,也可以说通道就是选区。在通道中,以白色代替透明表示要处理的部分（选择区域）;以黑色代替表示不需处理的部分（非选择区域）。因此,通道与蒙版一样,没有其独立的意义,而只有在依附于其他图像（或模型）存在时,才能体现其功用。

在 Photoshop 中,不同的图像模式下,通道是不一样的。

首先,以 RGB 颜色模式为例,一个通道层同一个图像层之间最根本的区别在于:图层的各个像素点的属性是以红绿蓝三原色的数值来表示的,而通道层中的像素颜色是由一组原色的亮度值组成的。再说通俗点,通道中只有一种颜色的不同亮度,是一种灰度图像。

通道最初是用来储存一个图像文件中的选择内容及其他信息的,大家极为熟悉的透明 GIF 图像,实际上就包含了一个通道,用以告诉应用程序（浏览器）哪些部分需要透明,而哪些部分需要显示。

举个例子,你费尽千辛万苦从图像中勾画出了一些极不规则的选择区域,保存后,这些"选择"即将消失。这时,我们就可以利用通道,将"选择"储存成为一个个独立的通道层;需要选择哪些时,就可以方便地从通道将其调入。这个功能,在特技效果的照片上色实例中得到了充分应用。当然,可以将"选择"保存为不同的图层,但这样远不如通道来得方便,因为图像是 24 位,而通道是 8 位的,保存为通道将大大节省空间;最重要的是一个多层的图像只能被保存为 Photoshop 的专用格式,而许多标准图像格式如 TIF、TGA 等,均可以包含有通道信息,这样就极大方便了不同应用程序间的信息共享。

另外,通道的另一主要功能是用于同图像层进行计算合成,从而生成许多不可思议的特效,这一功能主要用于特效文字的制作。此外,通道的功能还有很多,在此就不一一列举,在实例操作中再具体说明。

总而言之,通道这一概念看似博大精深,实际上并不复杂,但需要在实际操作中去仔细体会,实践出真知。这条道好走不好走,还需要亲自走一遭。

笔者认为,通道最初也是最基本的设置目的就是为了满足印刷的需要,我们知道印刷模式是 CMYK,这个模式有四个通道,为什么是四个而不是其他呢,因为色彩的三原色 CMY 就是蓝、红、黄,这三个颜色可以调出千变万化的色彩,这就是色彩构成上学习的"色环";K 是黑色,可以降低印刷时的明度,而印刷色除黑色外都是透明的,通过印刷纸张的白色就可以调整颜色的明度，也就是没有颜色的地方实际上就是印刷纸张的颜色，这也就形成了"色立体"。印刷就是采用这个原理，在实际印刷过程中，看到的千变万化的色彩，只需要纸张经过四次不同颜色的印刷就能呈现。四色印刷分色示意如图 9.1 所示。四色印刷效果如图 9.2 所示。

图 9.1　四色印刷分色示意

图 9.2　四色印刷效果图

第一节　通道类别

一、Alpha 通道

Alpha 通道是计算机图形学中的术语，指的是特别的通道。有时，它特指透明信息，但通常的意思是"非彩色"通道。Alpha 通道是为保存选择区域而专门设计的通道，在生成一个图像文件时并不是必须产生 Alpha 通道。通常它是在图像处理过程中人为生成，并从中读取选择区域信息的。因此在输出印刷制版时，Alpha 通道会因为与最终生成的图像无关而被删除。但有时在三维软件最终渲染输出的时候，会附带生成一张 Alpha 通道，用以在平面处理软件中做后期合成。

二、颜色通道

一个图片被建立或者打开以后是会自动创建颜色通道的。当在 Photoshop 中编辑图像时,实际上就是在编辑颜色通道。

图像的模式决定了颜色通道的数量,RGB模式有R、G、B三个颜色通道,CMYK图像有C、M、Y、K四个颜色通道,灰度图只有一个颜色通道,它们包含了所有将被打印或显示的颜色。当查看单个通道的图像时,图像窗口中显示的是没有颜色的灰度图像,通过编辑灰度级的图像,可以更好地掌握各个通道原色的亮度变化。

三、复合通道

复合通道是由蒙版概念衍生而来,用于控制两张图像叠盖关系的一种简化应用。复合通道不包含任何信息,实际上它只是同时预览并编辑所有颜色通道的一个快捷方式。它通常被用来在单独编辑完一个或多个颜色通道后使通道面板返回到它的默认状态。对于不同模式的图像,其通道的数量是不一样的。在Photoshop之中通道涉及三个模式:RGB、CMYK、Lab模式。对于RGB图像含有R、G、B通道;对于CMYK图像含有C、M、Y、K通道;对于Lab模式的图像则含有L、a、b通道。

四、专色通道

专色通道是一种特殊的颜色通道。它可以使用除青色、品红(也称洋红)、黄色、黑色以外的颜色来绘制图像。

在印刷中为了让自己的印刷作品与众不同,往往要做一些特殊处理。如增加荧光油墨或夜光油墨,套版印制无色系(如烫金)等,这些特殊颜色的油墨(称为"专色")都是无法用三原色油墨混合而成的,这时就要用到专色通道并进行专色印刷了。

在图像处理软件中,都存有完备的专色油墨列表,只需选择需要的专色油墨,就会生成与其相应的专色通道。但在处理时,专色通道与原色通道恰好相反,用黑色代表选取(即喷绘油墨),用白色代表不选取(不喷绘油墨)。由于大多数专色无法在显示器上呈现效果,所以其制作过程也带有相当大的经验成分。

五、矢量通道

为了减小数据量,人们将逐点描绘的数字图像再一次解析,运用复杂的计算方法将其上的点、线、面与颜色信息转化为简捷的数学公式,这种公式化的图形被称为"矢量图形",而公式化的通道,被称为"矢量通道"。矢量图形虽然能够成百上千倍地压缩图像信息量,但其计算方法过于复杂,转化效果也往往不尽如人意。因此,它只有在表现轮廓简洁、色块鲜明的几何图形时才有用武之地;而在处理真实效果(如照片)时则很少用。Photoshop中的"路径"、3D中的几种预置贴图、Illustrator、Flash等矢量绘图软件中的蒙版,都是属于这一类型的通道。

六、案例应用

下面来利用通道进行一个案例实际操作，就容易理解通道的某些实际作用了。

（1）打开一张卡通藤蔓素材文件（图 9.3），看到图形是平面的，没有立体感，如果用喷笔来画，肯定就会不均匀，利用通道工具颜色过渡就会很自然。选取藤蔓，按"Ctrl+J"键在选区建立新图层，按住"Ctrl"键单击新建图层（注意是在图层面板里）或单击菜单"选择 > 载入选区"命令，将图层中的图像载入选区。在"通道"调板中，将选区存储为通道。

图 9.3　平面藤蔓

（2）复制和编辑选区。选择存储的"Alpha 1"通道，执行"滤镜 > 模糊 > 高斯模糊"命令，在打开的对话框中设置模糊效果，完毕后单击"确定"按钮关闭对话框。在"通道"调板中将"Alpha1"通道复制。载入"Alpha1 副本"通道的选区，执行"图像 > 修改 > 羽化"命令，打开并设置"羽化选区"对话框。将选区反选，并为其填充黑色。再次复制通道，并载入选区。在"通道"调板中选择"Alpha 1"通道，确定前景色为黑色，使用"画笔"工具，对选区的边缘进行编辑。通道效果如图 9.4 所示。

图 9.4　通道效果

（3）选择"Alpha1"通道，单击通道"调板"底部的"将通道作为选区载入"按钮，载入通道选区。在"图层"调板中新建图层，并为选区填充颜色。选择"Alpha1 副本"图层，执行"选择 > 载入选区"命令，打开"载入选区"对话框，并对其进行设置。在"图层"调板中，新建图层后为选区填充颜色。参照以上方法，载入"Alpha1 副本 2"通道的选区。在"图层"调板中新建图层，并为选区填充颜色。取消选区的浮动状态，使用橡皮擦工具将部分图像擦除,制作出具有立体效果的藤蔓图像,如图 9.5 所示。

图 9.5　立体效果

第二节　通道功能

一、主要功能

通道的功能前面章节已经进行了简单介绍,其实它的功能还有很多,主要有以下几点。

(1)可建立精确的选区。运用蒙版和选区或是滤镜功能可建立毛发选择区域的部分。

(2)可以存储选区和载入选区备用。

(3)可以制作其他软件(比如 Illustrator、Pagemarker)需要导入的"透明背景图片"。

(4)可以看到精确的图像颜色信息,有利于调整图像颜色。利用 Info 面板("F8"键)可以体会到这一点,不同的通道都可以用 256 级灰度来表示不同的亮度。

(5)印刷出版中方便传输和制版。CMYK 色的图像文件可以把其四个通道拆开分别保存成四个黑白文件。而后同时打开它们按 CMYK 的顺序再放到通道中就又可恢复成 CMYK 色彩的原文件了。

二、其他功能

单纯的通道操作是不可能对图像本身产生任何效果的,必须同其他工具结合,如蒙版工具、选区工具和绘图工具(其中蒙版是最重要的),当然要想做出一些特殊效果的话就需要配合滤镜特效、图像调整颜色来一起操作。情况比较复杂的,需要根据目的的不同做相应处理,但尽可试一下,总会有收获的。

1.利用选区工具

Photoshop 中的选择工具包括遮罩工具、套索工具、魔术棒、字体遮罩以及由路径转换选区等,利用这些工具在通道中进行编辑等同于对一个图像进行操作。

2. 利用绘图工具

绘图工具包括喷枪、画笔、铅笔、图章、橡皮擦、渐变、油漆桶、模糊锐化和涂抹、加深减淡和海绵等。利用绘图工具编辑通道的一个优势在于可以精确地控制笔触，从而得到更为柔和以及足够复杂的边缘。这里要提一下的是渐变工具。因为这个工具特别容易被人忽视，但相对于通道是特别有用的。它是笔者所知道 Photoshop 中，在严格意义上一次可以涂画多种颜色而且包含平滑过渡的绘画工具，针对于通道而言，带来了平滑细腻的渐变。

3. 利用图像调整工具

调整工具包括色阶和曲线调整。当选中希望调整的通道时，按住"Shift"键，再单击另一个通道，最后打开图像中的复合通道。这样，就可以强制这些工具同时作用于一个通道。对于编辑通道来说，这当然是有用的，但实际上并不常用。

4. 利用滤镜特性

在通道中进行滤镜操作，通常是在有不同灰度的情况下，而运用滤镜的原因通常是刻意追求一种出乎意料的效果或者只是为了控制边缘。原则上讲，可以在通道中运用任何一个滤镜去试验，大部分人在运用滤镜操作通道时通常有着较为明确的愿望，比如锐化或者虚化边缘，从而建立更适合的选区。

第三节 通道效果练习

一、通道的实例

（1）气泡效果，操作流程为：滤镜 > 模糊 / 高斯模糊 > 浮风格化雕效果 > 复制通道 > 按"Ctrl+l"键反相 > 色阶 > 载入选区。气泡效果如图 9.6 所示。

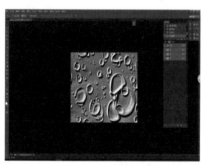

图 9.6 气泡效果

（2）撕纸的效果，操作流程为：通道 > 绘制选区 > 填充白色 > 滤镜 > 像素化 / 晶格化 > 将选区载入到图层中并拖拉 > 添加投影的图层样式。撕纸效果如图 9.7 所示。

图 9.7　撕纸效果

二、通道抠图

（1）先打开素材，单击图层旁边的通道，选择通道中头发与背景反差比较大的通道复制出来。这里选择的是红通道。人像图片如图 9.8 所示。单色红通道如图 9.9 所示。

图 9.8　人像图片

图 9.9　单色红通道

（2）随后按"Ctrl+L"键打开色阶调整面板，调节到如图 9.10 所示色阶调整效果，目的是让头发的黑色与背景白色分明。

图 9.10　色阶调整效果

（3）选择画笔工具调整大小。把头发上没有纯黑的地方涂黑（黑色不可见，白色可见），包括脸部和脖子能明显看出是人物身体的部分，随后按住"Ctrl"键用鼠标左键单击复制出来的通道选取选区，然后按"Ctrl+Shift+I"键反选。调整效果如图 9.11 所示。

图 9.11　调整效果

（4）选好选区后回到图层单击图层复制完成效果，如果可以加个底图就完美了。完成效果如图 9.12 所示。

图 9.12　完成效果

第四节 样本设计练习

样本设计,俗称企业宣传册设计,具有文化产业中的一切特征,即横跨经济、文化和技术的综合性特点。因此,设计师必须具备综合知识和相关技能,运用各种设计元素进行有机的艺术组合,形成设计有创意,样本色彩有品位的作品。一本好的画册能让客户准确、快速地感受到企业实力、企业优势、品牌理念,有利于增强客户对品牌的认同,从而引起客户对产品的购买行为,因此画册设计对企业来说是必不可少的。由于样本设计页数多,文字、图像图形处理要求较高,能够独立设计样本的你绝对可以升级为设计师了!但不要忘了"路漫漫其修远,吾将上下而求索"。

样本设计的一般要求主要有以下几点。

(1)宣传册设计外表要大方美观。 企业宣传册外表要大方美观,制作精美。这样会给客户留下美好的第一印象,从而引起客户继续翻阅的欲望。

(2)体现企业的文化与实力。宣传册的最大作用就是用来宣传企业,重在把企业的品牌文化与实力体现出来。使用图文并茂的方式,推介企业的文化(企业的历史、宗旨等),展示企业的实力(荣誉、建设规模、产品、设备、执行力等),描绘企业的美好前景(企业规划等),吸引读者的眼球,增强读者对企业的关注度。

(3)独特的设计风格。设计要体现公司特色,异于常规,给受众留下深刻的印象。

(4)增加信息量。如果企业有在一些网站或规模大些的媒体做宣传的话,那么要把贵公司在哪些网站、媒体做的宣传链接写上去,这样如果有人感兴趣也可以直接去网站,或看到电视媒体的时候会对贵公司印象更加深刻一点,这就达到了企业宣传的目的。

(5)内页不要太多。内页并不要太多,重在精简,突出重点。重在图片的设计上,并配以简练的语言加以说明。

(6)语言简单明了有针对性。语言尽量简单明了,通俗易懂。可以针对目标人群,设计一些易于传播的宣传语。

(7)最好彩印。印刷精美的宣传册能更好地展现企业风采。

从临摹图 9.13 至图 9.15 的创意开始吧。

图 9.13　样本设计一

图 9.14　样本设计二

图 9.15　样本设计三

课外作业

借鉴一幅样本设计作品（封面、封底设计在一个页面，封二、封三设计在一个页面），内容换为某所学校的简介，不允许使用临摹对象的内容，标志文字、色彩等与该校视觉形象一致。

第九章

第十章

滤镜
（海报设计，美人鱼的歌声）

最近有些神一样的排版软件问世了，你只需输入文案、企业或产品标识和主体图片等基本信息就可以根据横竖版式的变化，自动生成美观的版面。其实随着现代科技和多媒体技术的逐渐成熟，人和机器的最大区别是机器没有设计理念，也就是设计师们常说的创意，设计师如果也没有设计思想，就会面临被现代科技淘汰。Photoshop 的滤镜特效确实能够给我们带来不一样的视觉感受，如果在设计时盲目追求特效，做了特效的奴隶，你的设计就走入了死胡同。沉浸在美人鱼的歌声中，等待的结果只有设计的死亡。

目前中国已经是世界第二大经济体，但是国人的很多认识还处于起飞的阶段。因为我们国家的人口基数实在太大了，比如说设计，很多小微企业主显然还没有到追求创意，追求设计理念的层次，他们只想模仿其他产品，追求现实利益，这也无可厚非；这也就诞生了很多路边摊式的设计，笔者称为无思想的设计，偏偏这样的设计往往也得到了某些受众的认可，而设计师也不得不去迎合。笔者认为设计师不仅仅是受雇于甲方的商业合作者，更是这些尚未认识到设计要树立产品独特性格的甲方的老师，我们在满足大众审美需求时，一定不要丢掉一个设计师的设计思想。我们要带着这样的思考去学习 Photoshop 的滤镜特效，即特效是为设计思想服务的。

我们先来了解下摄影里的滤镜使用，专业摄影师在拍摄时有时会在镜头上加个玻璃片，这个小配件就是滤镜了，摄影为什么使用滤镜呢？打个比方吧，如果你把相机的传感器当你的眼睛，那就非常好理解。当阳光强烈时你会戴太阳镜来遮挡强烈的光线，当你在做一些危险的工作时你会戴防护镜来保护自己的眼睛。这个道理放在相机上来说也是一样的。

举两个例子。

1.ND 镜（减光镜）

ND 镜是比较常用的滤镜，它能减少进光量，降低拍摄时的快门速度，拍出丝质般的流水效果。有时出去拍瀑布、流水、云彩等，有 ND 镜的帮助会好很多。加 ND 镜前后对比如图 10.1 所示。

图 10.1　加 ND 镜前后对比

2. 中灰渐变镜（GND 镜）

当遇到画面光比过大的情况时，就可以使用中灰渐变滤镜来拍摄了。它能对两个区域进行测光，计算出两个区域的曝光差异，然后根据计算的结果来平衡画面的光比。加 GND 镜前后对比如图 10.2 所示。

图 10.2　加 GND 镜前后对比

实际上，这就类似于 Photoshop 滤镜的效果。是的，Photoshop 的滤镜一词应该就是从摄影的器材专用名词来的。"滤镜"菜单如图 10.3 所示。

滤镜(T)	3D(D)	视图(V)	窗口(W)	帮

上次滤镜操作(F)	Ctrl+F
转换为智能滤镜	
滤镜库(G)...	
自适应广角(A)...	Shift+Ctrl+A
镜头校正(R)...	Shift+Ctrl+R
液化(L)...	Shift+Ctrl+X
油画(O)...	
消失点(V)...	Alt+Ctrl+V
像素化	▶
扭曲	▶
杂色	▶
模糊	▶
渲染	▶
视频	▶
锐化	▶
风格化	▶
其它	▶
Digimarc	▶
浏览联机滤镜...	

图 10.3 "滤镜"菜单

第一节 纹理制作

一、木纹

制作木纹效果的操作流程为:杂色 > 添加杂色——模糊 > 动感模糊——扭曲 > 旋转扭曲。木纹效果如图 10.4 所示。

图 10.4 木纹效果

二、大理石

制作大理石效果的操作流程为：渲染 > 云彩——复制图层——模糊 > 动感模糊——扭曲 > 波纹。大理石效果如图 10.5 所示。

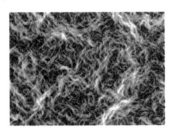

图 10.5 大理石效果

三、蜥蜴皮

制作蜥蜴皮效果的操作流程为：渲染 > 云彩——纹理 > 染色玻璃——风格化 > 浮雕效果——色彩平衡。蜥蜴皮效果如图 10.6 所示。

图 10.6 蜥蜴皮效果

四、水波

制作水波效果的操作流程为：渲染 > 云彩——素描 > 铬黄——扭曲 > 水波——色彩平衡。水波效果如图 10.7 所示。

图 10.7 水波效果

五、岩石纹理

制作岩石纹理效果的操作流程为:渲染 > 分层云彩——亮度 > 对比度——复制到新通道中——回到图层——渲染 > 光照效果 > 纹理通道 >alpha1。岩石纹理效果如图 10.8 所示。

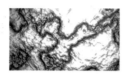

图 10.8　岩石纹理效果

六、云烟

制作云烟效果的操作流程为:渲染 > 云彩(将魔棒工具的容差设置为 1,在页面中选择少许,按"Ctrl+Shift+I"键反选,并按"Delete"键删除)> 模糊 > 动感模糊(倾斜 90°)——扭曲 > 切变。云烟效果如图 10.9 所示。

图 10.9　云烟效果

七、闪电

制作闪电效果的操作流程为:渐变——渲染 > 分层云彩——反相——色阶——色相 > 饱和度。闪电效果如图 10.10 所示。

图 10.10　闪电效果

八、线描效果

制作线描效果的操作流程为：风格化 > 查找边缘——去色——色阶，或去色——其他 > 高反差保留——图像 > 调整 > 阈值。线描效果前后对比如图 10.11 所示。

图 10.11 线描效果前后对比

九、艺术效果

（1）按"Ctrl+O"键打开一幅素材图像文件。

（2）使用工具箱中"快速选择工具"创建选区。在菜单栏选择滤镜命令，执行"像素化 > 晶格化"命令和"扭曲 > 波浪"命令。

（3）完成滤镜效果设置后，单击"确定"按钮，关闭"滤镜库"对话框；按"Ctrl+D"键取消选区，得到最终效果。艺术效果前后对比如图 10.12 所示。

图 10.12 艺术效果前后对比

十、光照效果

"光照效果"滤镜在 Windows XP 系统中不能使用，只有在 Windows 7 及以上系统中才能使用。"光照效果"滤镜是一个强大的灯光效果制作滤镜，光照效果包括 17 种光照样式、3 种光照类型和 4 套光照属性，可以在 RGB 图像上产生无数种光照效果，还可以使用灰度文件的纹理(称为凹凸图)产生类似 3D 的效果。

（1）在 Photoshop 菜单栏选择"滤镜 > 渲染 > 光照效果"命令,打开光照效果对话框。

（2）在光照效果右侧的对话框中,可以调节参数值。

（3）它有 3 种光源:"点光""聚光灯"和"无限光"。在"光照类型"选项下拉列表中选择一种光源后,就可以在对话框左侧调整它的位置和照射范围,或添加多个光源。光照效果窗口如图 10.13 所示。

图 10.13　光照效果窗口

（4）添加新光源。

（5）单击光照效果属性栏右上侧"确定"按钮,得到最终光照效果图,如图 10.14 所示。

图 10.14　光照效果

第二节　文字特效

一、泡泡字

制作泡泡字效果的操作流程为:渲染 > 光照效果——将文字边缘绘制圆形选区——复制图层—扭曲 > 球面。泡泡字效果如图 10.15 所示。

图 10.15 泡泡字效果

二、雕刻文字

制作立体字效果的操作流程为："新建通道——输入文字——模糊 > 高斯模糊——曲线按"Ctrl+M"- 全选通道—新建一个与当前页面相同大小的文件—将通道中的图形复制到这个页面中——保存——回到原文件——扭曲 > 置换——复制到图层中"。立体字效果如图 10.16 所示。

图 10.16 立体字效果

三、爆炸文字

制作爆炸字效果的操作流程为：输入文字——风格化 > 风 / 图像 > 旋转图像——扭曲 > 极坐标——自由变换。爆炸字效果如图 10.17 所示。

图 10.17 爆炸字效果

四、透明文字

制作透明字效果的操作流程为：输入文字——模糊 > 高斯模糊 / 风格化 > 浮雕效果——图层混合模式（叠加），或做立体文字并保存——打开一幅图片——扭曲 > 玻璃 > 载入纹理。透明字效果如图 10.18 所示。

图 10.18   透明字效果

五、滴血文字

制作滴血字效果的操作流程为:输入文字——素描 > 图章——风格化 > 风 > 大风。滴血字效果如图 10.19 所示。

图 10.19   滴血字效果

本书只简单举几个滤镜综合编辑图形和文字的例子,实际上通过网络资源可以很容易地购买诸多外挂滤镜,制作一些火焰、结冰和岩石等效果,非常真实,也不需要很复杂的操作,只需要调整几个数值就可以得到需要的效果了。

这里再次强调,设计的创意和最终画面效果是设计师先有设计思路,然后利用 Photoshop 这个工具实现的,而不是说掌握了 Photoshop,掌握了能够呈现各种特效的滤镜,就能够掌握设计方法,还是需要努力学习设计的理论知识,多看、多搜集、多临摹各类设计作品,不断积累提高的。

第三节 电影海报设计练习

图 10.20 和图 10.21 可以说是佳作了。在我们进行图像合成时,由于原图像的拍摄环境不同,色调自然也就不尽相同,所以几个图像组合在一起就显得很不协调,一眼就可以看出是 Photoshop 合成的,而高手"P"的图则毫无违和感,这都是对色彩调整命令熟练应用的结果。合理调整图片的色相、明暗,就可以把几张色调完全不协调的图片组合在一起并且看起来真实可信。做这个练习先选择一张海报进行临摹,然后通过互联网下载里面的元素,比如人物、天空、草地、树木等等,再将这些元素组合在一起,不要使用临摹作品的元素,尽量接近临摹原作的效果。

图 10.20　绿巨人惊现足球场

图 10.21　袋鼠无敌连环腿

　　图 10.22 中的人物不知道是谁？不用担心，随便找三个酷酷的人物图片做去色处理就可以了，飞溅的鲜血可以忽略，也可以找相近的图片用魔术棒选择复制。

图 10.22　电影海报一

　　图 10.23、图 10.24 是用的一个创意。来吧，虽然抄袭有罪，但是借鉴有理。用这个模板设计一张电影海报吧，比如《某某同学的奇幻漂流》、《黑客校园》或是《校园钢铁侠》，脑洞自己开。

图 10.23　电影海报二

图 10.24　电影海报三

第四节 商业海报设计练习

海报是一种信息传递的艺术，又是一种大众化的宣传工具。海报又称招贴，是贴在街头墙上，挂在橱窗里的大幅画作，以其醒目的画面吸引路人的注意，在学校里海报常用于文艺演出、运动会、故事会、展览会、家长会、节庆日、竞赛游戏等。海报设计总的要求是使人一目了然。一般的海报通常含有通知性，所以主题应该明确显眼、一目了然（如比赛、打折等），接着以最简洁的语句概括出如时间、地点、附注等主要内容。海报的插图、美观的布局通常是吸引眼球的好方法。

这里只谈技术，请忽略品牌。另选汽车、爆炸、沙漠、猎豹和鹰的图片进行合成，标志用几何图形代替；背景加个滤镜看看效果，效果如图10.25所示。

图10.26则另选汽车、天空、高山、沙漠和奔马合成。选择时要注意选区的羽化值，边缘做柔化处理，毛发区域可采用蒙版抠图。

图10.25　汽车广告一

图10.26　汽车广告二

课外作业

找一张自己拍得很满意的照片，"P"到某个电影场景里，要求色调统一，透视正确，真实可信。你可以与蜘蛛侠同框哦。

第十章

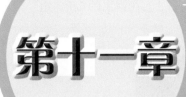

第十一章 动作、批处理

（包装设计，大活来了）

所谓动作就是先像录像一样把想做的步骤录下来,这样电脑就能让动作重复、重复再重复了。动作窗口如图 11.1 所示。

图 11.1 动作窗口

网上也有很多后期制作录制好的动作资源,下载完毕后直接拖到动作面板内即可显示。这些资源有什么用呢,执行了批处理命令就很容易理解了。

先举个动作录制的例子。

（1）在"窗口"菜单（图 11.2）中找到"动作"选项,单击后弹出动作面板。

图 11.2 "窗口"菜单

（2）在动作面板中单击下方类似文件夹的"新建组"图标（图 11.3），在弹出的"新建组"对话框中为要新建的组命名（图 11.4）。

图 11.3　"新建组"图标

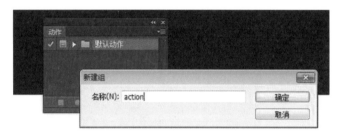

图 11.4　命名

（3）在新建的背景图层中画圆并在同一图层中复制多个圆，如图 11.5 所示。

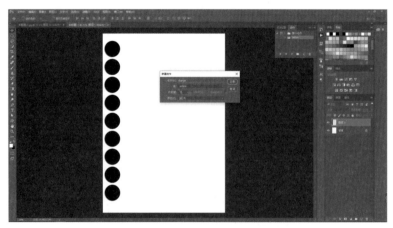

图 11.5　复制多个圆

（4）在动作面板中，发现此时正处于所新建的组中，单击下方的"创建新动作"图标（图 11.6），在弹出的"创建新动作"对话框中为要创建的新动作命名。

图 11.6 "创建新动作"图标

（5）单击"记录"图标（图11.7）后，发现此时动作面板的圆图标变为红色，表明接下来所要进行的操作都会被记录下来。

图 11.7 "记录"图标

（6）回到图层面板，选中刚刚画了圆的图层，将其复制一个，此时会发现这个复制操作被动作面板记录下来了。在副本图层中，将圆全部选中，然后移动一定的距离，再将其整体按比例缩小。进行完变换操作后，回到动作面板，单击圆左边的方形图标，表示动作到此结束。

（7）在动作面板中单击圆图标右边的右箭头"播放"图标（图11.8），表示将刚刚所记录的动作进行播放，这个播放是有记忆功能的，不停地单击，最后会出现如图11.9所示的效果。怎么样，这功能是不是挺方便的？

图 11.8 单击"播放"图标

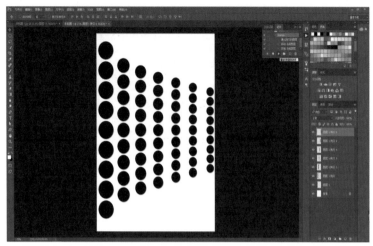

图 11.9　完成效果

注意事项：在动作开始记录后，请注意每一步的操作，即使搞错了一步，也会被记录下来，之后播放时错误的操作也会被记录下来。

现在可能对动作命令有所理解了，但录制这个动作命令有什么用呢？举个例子，现在手机摄像功能可谓十分强大，笔者会定期将手机的图片拷贝到电脑上，一是手机空间不够用，二是有利于照片分类存放保管，可是时间长了，文件越来越多，占用空间也越来越大。其实很多照片只是留个纪念，根本不需要打印或印刷输出，所以可以把照片的尺寸或是分辨率改小，但如果一张一张地把照片改小，估计也该累死了。要知道，如果是在工作单位的话，此类资料会更多。这时候就用得到动作和批处理命令了，可以记录下对一张图片的处理命令，然后再批量执行。

好吧，你说你硬盘足够大，还有移动硬盘，被你打败了。那就再举个例子，比如说你摄影技术不佳，拍了几十张照片，却发现普遍色彩偏暗，那就先录制个把图片调亮的动作，然后其他的都可以批处理执行了。

再比如说你发现一种方法，能够获得一种独特的设计效果，而操作它需要很多步骤，那就不妨把动作录下来，需要时直接播放处理就可以获得你想要的效果，避免重复劳动。

1. 批量修改

如何用 Photoshop 批量修改呢？

批量处理的操作如下：按"Alt+F9"键或使用"窗口 > 动作 > 显示动作窗口"命令。

（1）停止：在录制开始后停止用的。

（2）录制：开始录制，单击开始后按钮显示红色。

（3）播放：播放录制好的动作。

（4）文件夹：当动作多了，建立文件夹进行管理，和管理文件一样。

（5）新建单个动作：录制动作之前单击这个新建单个动作。

（6）回收站：把不需要的整个动作或文件夹或单个动作拖动扔进垃圾桶，和往桌面上的回收站里扔文件一样。

开始录制之后按钮即显示为红色，这证明开始录制动作了。

整个动作的名字，系统会自动命名为"序列1"，也可以自己改个名字。例如动作1，即为第一个默认动作。每次在Photoshop里操作一个动作即有一个记录。如设置选取、羽化、对比度、移动、各种滤镜等等，每次记录的动作数值均为此处操作输入的数值。如羽化半径20等等。

2. 动作与批处理

打开批处理窗口的操作为："文件 > 自动 > 批处理"，然后选择播放对应的动作。源文件夹要选取批量处理的图片所在的文件夹，都设置完后点开始就好了。

注意：最好把要批量处理的文件拷贝出来放在一个新文件夹里，以防不测。记得刚刚录制动作的那张图片，已经进行了改变，不要再用动作改变一次了，不然会效果叠加的。JPEG文件保存的时候会有个品质质量的选取，当然越高越好，一般在8-10就可以了。但是不能每次都用鼠标单击一下啊，选完第一次之后就按"Enter"键就行了。一般都用个东西把"Enter"键压住。

第二节　包装设计练习

学习到本章，已经学习了本书的大半，你会发现你的充电电池有些能量了，虽然还不怎么满。这是最危险的时刻，所谓"一瓶子不满半瓶子晃荡"。那就多加练习吧，我们掌握了很多Photoshop的基本功能，先停下脚步，回忆消化下，看看我们遇到复杂的设计时能否应付，那就先临摹图11.10至图11.12所示的包装设计案例。选择临摹的案例图像元素要多些，尽量用到批处理命令和以前学习过的命令和处理效果。

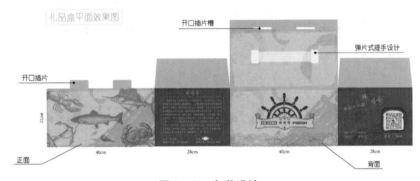

图 11.10　包装设计一

图 11.11　包装设计二

图 11.12　包装设计三

　　包装设计相对于其他设计种类,比较复杂,涉及材料、印刷工艺、三维效果等各个方面,所以算是个大活了,毕竟有个专业就叫包装装潢,是专门研究包装设计的。所以,这里要用较多的时间来做这个练习,以期达到相应的效果。

　　包装设计是一门综合运用自然科学和美学知识,为在商品流通过程中更好地保护商品,并促进商品的销售而开设的专业学科。其主要包括包装造型设计、包装结构设计以及包装装潢设计。包装是商品的外衣,也是我们生活上所有用到的物品的最初样貌。从保护产品的包装结构、运送的便利性、在货架上的吸睛度、送礼时带给人的观感,处处藏着设计人的无限巧思。包装设计有醒目、理解和好感三要素之说。

　　包装设计的尺寸和产品的规格以及用于包装的纸张规格有直接的关系,由于 20 世纪最伟大的发明之一集装箱的规格是统一的,所以也要考虑集装箱的容纳空间。由于商品的不同,包装的形态也各异,有长方形、正方形、多边形、曲线形等很多样式,材料、印刷工艺等也有很多种类,实际工作中要注意和包装制作企业确定尺寸和设计要求。做临摹练习就先从简单的开始,可以把分辨率设置为 300 像素 / 英寸,页面尺寸设置为 300 mm×300 mm,避免文件过大电脑运行速度降低。记得做效果图哦！包装设计示例如图 11.13 所示。

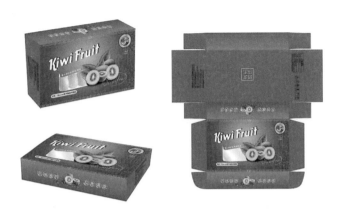

图 11.13　包装设计四

课外作业

1. 复制 20 张照片到一个文件夹,用批处理命令将尺寸改小一半,分辨率改为 60 像素 / 英寸。

2. 拍摄一张日常用品的包装,给它换装。

第十一章

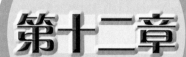

第十二章 曲线和色阶工具
（室内、建筑效果图后期处理，美丽的家）

第一节　曲线工具

Photoshop 中的曲线工具作为"后期之王"是一个很值得学好的工具，图像中所有的对比度、亮度、色阶等参数都可以通过曲线进行调节，并且更加准确，更加得心应手。下面就一起来了解这个"后期之王"。前面章节简单介绍了曲线工具的使用方法，但它还有很多妙用。

一、界面

曲线窗口如图 12.1 所示。

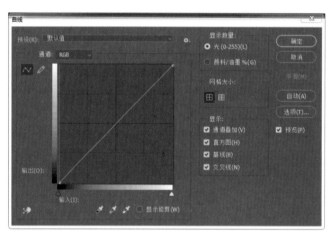

图 12.1　曲线窗口

（1）通道选择：可以选择 RGB，或者单独的 R、G、B 通道。

（2）主功能区：正文形区域，默认为直线，可拖动为曲线。

（3）调整方式：可以选择手动画或用浮标。

（4）黑场白场工具：可以纠正色偏、调整对比度、制造色调等。

（5）显示区域：决定显示哪些因素。

（6）自动调整区域：可以选择调整算法。

二、功能与操作

1. 提亮

我们先看原图（图 12.2）再看提亮效果（图 12.3）。

图 12.2　原图

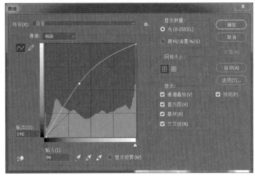

图 12.3　提亮效果

2. 压暗

压暗效果如图 12.4 所示。

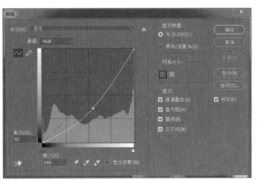

图 12.4　压暗效果

3. 提高对比度(简称 S 曲线)

提高对比度效果如图 12.5 所示。

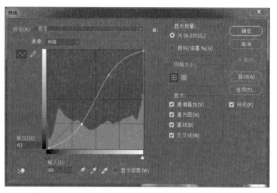

图 12.5　提高对比度效果

4. 降低对比度(简称反 S 曲线)

降低对比度效果如图 12.6 所示。

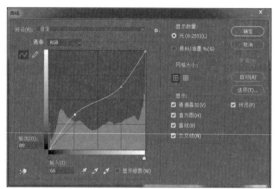

图 12.6　降低对比度效果

5. 反向(黑白颠倒曲线)

反向效果如图 12.7 所示。

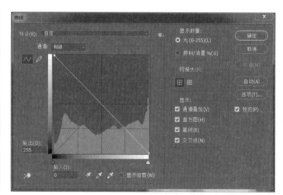

图 12.7　反向效果

6. 平行曲线和垂直曲线

这是两种极端曲线,一条是平行于 X 轴的,又称它为灰度曲线,因为这条曲线的结果就是画面处于一个亮度，如图 12.8 所示。

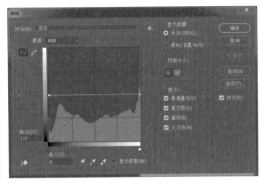

图 12.8　平行曲线和垂直曲线效果

还有一条是垂直于 X 轴的，效果同样是比较极端的色彩风格，可以用来制作动画效果，如图 12.9 所示。

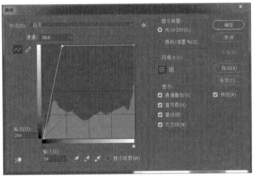

图 12.9　动画效果

上面是热身部分，下面的才是正题。有亮度工具、对比度工具，为什么还要用曲线工具来调整呢？原因在于曲线工具的可调性特别强，几乎可以做到指哪儿打哪儿。

举个例子，如果觉得一幅图的高光部分曝光正常，但低光部分有些过曝，该怎么办呢？用亮度工具整体都会变暗，蒙版太复杂，这时候就要用上曲线工具了。局部调整低光效果如图 12.10 所示。

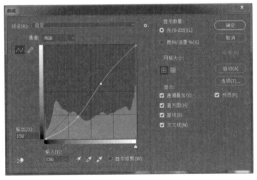

图 12.10　局部调整低光效果

在曲线的高光部单击鼠标左键,制造一个浮标,然后整个高光部分相当于被锁定了,这时候再往下拉左边的图像,就相当于对中低光部做了调整,而保持了高光部分。

当然也可以使用手动画曲线功能,只需单击左上角那个像画笔的工具就行了。右下角,还可以细分网格,这样可以让曲线工具更加精准。在"输入"下面有一个数值,可以输入具体的数值进行更加精确的调整。

三、常用曲线

1. 日式曲线 / 胶片曲线

日式曲线设置如图 12.11 所示。

经常说日系胶卷风,其实用曲线就可以简单做到,并且可以实时预览效果,比用图层更加方便、快捷。这个曲线可以让画面的对比度显得更低,饱和度显得更高,画面更加纯洁,有日系胶卷风的味道。

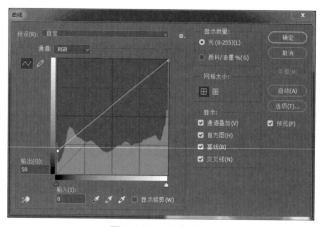

图 12.11　日式曲线

2. 奶牛曲线

奶牛曲线可以营造浓厚、柔滑的牛奶般画面效果,给人非常醇厚的感觉,如图 12.12 所示。其实观察曲线可以看出,这个曲线就是锁定了高光部分,然后在低光部分进行提亮操作,但并不是单次提亮,而是分区间提亮,具体操作的时候可以自己尝试改变一下数值,这只是一个模型和方法。

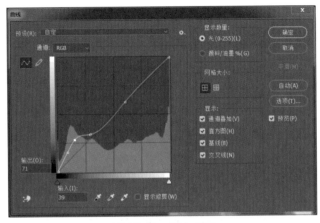

图 12.12　奶牛曲线

3. 组合曲线

这是一个多通道组合而成的曲线，如图 12.13 所示。

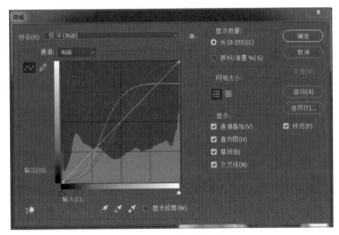

图 12.13　组合曲线

不同通道组合使用，可以很好地调整色彩。通过上面三个经典曲线，应该可以大致了解曲线是如何工作的了，其他调色方法，以此类推而已。窗口下方还可以点开，里边还有很多内容。

回想一下，在第五章图像色彩已经简单介绍了曲线工具，但是学完本节会发现，这个面板窗口里还隐藏着这么多秘密。是的，这就是 Photoshop 的强大之处，书店里关于 Photoshop 学习的书可谓种类繁多，但多是命令的简单介绍，真正结合应用实战的并不多见。我们不仅仅要学会怎么用，还要学会用在哪里。

通过曲线工具的案例介绍，还想提醒大家，由于本书篇幅所限，有些命令肯定不会被介绍到，这就需要在学习中每打开一个命令窗口时，耐下心来把所有能点开或是能改变数值的地方全部实践下，这样可能在不经意间就会挖到宝。

第二节　色阶工具

一、什么是色阶？

　　色阶就是用直方图描述出的整张图片的明暗信息。什么是直方图呢？直方图（Histogram）又称质量分布图，是一种统计报告图，由一系列高度不等的纵向条纹或线段表示数据分布的情况；一般用横轴表示数据类型，纵轴表示分布情况。色阶面板如图 12.14 所示。

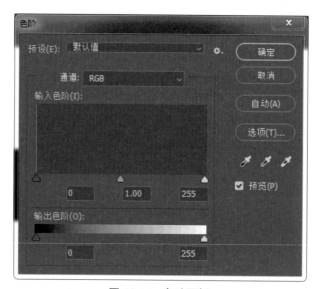

图 12.14　色阶面板

　　从左至右是从暗到亮的像素分布，黑色三角代表最暗地方（纯黑），白色三角代表最亮地方（纯白），灰色三角代表中间调。

　　大家可以分析出，图 12.15 所示的图片暗部像素少，亮部像素多，亮亮的就是明度比较高的照片。同理，其他的形式大家可以去推测，这里就不一一赘述了。

二、如何修改色阶

　　在拍摄照片或效果图输出时，由于环境或 3ds Max 光源设置等问题，有时图片色彩会显得不够丰富，这时可以使用 Photoshop 中的色阶功能对其进行调节。下面就分享一下色阶该如何使用。修改色阶其实就是扩大图片的动态范围（动态范围指相机能记录的亮度范围）。

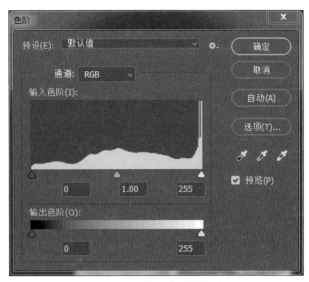

图 12.15 高明度照片色阶

（1）明度过度就会亮度溢出。明度过度效果如图 12.16 所示。亮度溢出直方图如图 12.17 所示。

图 12.16 明度过度效果

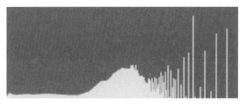

图 12.17 亮度溢出直方图

（2）明度不足则会暗部溢出。明度不足效果如图 12.18 所示。暗部溢出直方图如图 12.19 所示。

图 12.18 明度不足效果

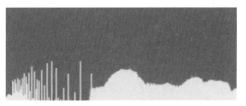

图 12.19 暗部溢出直方图

这样的图片不能够被使用,除非是特殊艺术效果需要。不知大家发现没有,当调整过后,色阶就发生了断层,那是因为调整就是重新分配色阶分布状况,所以会引起间隙。

比如 10~20 的区域间隔分布 10 个元素,将它变成 0~30 分布,那么自然中间会有间隙了。这种间隙也是代表图片细节的破坏,所以有人说,后期处理越多,图片破坏越严重。

三、扩大动态范围

色阶直方图无间隙如图 12.20 所示。

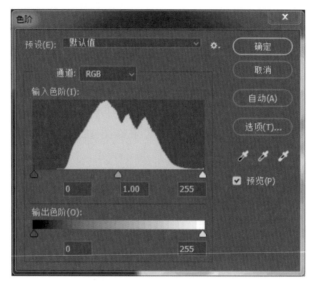

图 12.20　直方图无间隙

输入色阶和输出色阶本来是处于同样位置的,在调整过后,单击"确定"按钮即可。和之间说的一样,10~20 的间隔,要将它变成 0~30,那么中间自然会有间隙,10~20 的范围是 10,但 0~30 的范围是 30,那么就是说动态范围扩大了。通过图 12.21 和图 12.22 可以看到,暗部更暗了,暗部到亮部像素都有分布了,然后这张图片的对比度就提升了。

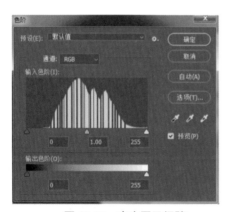

图 12.21　直方图无间隙

图 12.22　对比度提升效果

为什么要这样调整,原理是什么?

下面进行下修改,将黑色滑块向右移动到有像素的边缘,将白色滑块向左移动到有像素的边缘,例如将黑色滑块移动到 26 色阶,白色滑块移动到 222 色阶,这表示要将 26 色阶变成 0 阶(纯黑),222 色阶变成 255 色阶(纯白)。

就是说, 26 色阶本来有一种颜色(假定成灰色),将它变成 0 色阶,就是黑色,那么整张图的灰色部分全部变成黑色了,所以会变暗,白色滑块亦然,所以黑的更黑,白的更白,那么整张图的对比度就上升了。调整后从黑到白的地方全部有像素分布了,而以前只是在中间有,所以现在有很黑的地方,也有很白的地方,对比度就上升了。

灰色滑块又有什么用呢? 黑色块代表暗颜色,白色块代表亮颜色,自然灰色滑块指的是中间调,它可以改变中间调的亮度,当将灰色滑块右移时,就相当于有更多的中间调像素进入了暗部,所以会变暗,反之亦然。

四、避免色阶断层导致细节丢失

在 Photoshop 中,有很多图像模式可以选择,通常照片都是 8 位通道的,而 16 位通道蕴含的色域更广。可以先将图像转换成 16 位通道,在进行色阶调整时会发现直方图出现了断层,那么再将模式转回到 8 位通道,此时发现断层被填补了,这说明尽可能地挽救了相片的细节。

色阶还有一些其他功能,比如调色,大家可以通过切换通道的选项到红、绿、蓝通道,然后分别去调整,查看曝光正确与否。在前面已经讲述了,就是暗部溢出和亮部溢出这些问题,希望大家可以去实践,多用才会记得深刻。

五、实例

(1)打开一张有红花、绿叶的风景图片,按"Crl+L"键出现"色阶"对话框,将白场滑块向左移动,图像会变亮,将黑场滑块向右移动,图像会变暗,亮度和暗度之间形成了对比。

(2)选择设置黑场吸管工具,然后在图像中黑色的部分单击,此时图像中所有像素的亮度都被减去,吸管单击处像素的亮度值,图像会变暗,但是当减去的吸管单击处像素的亮度值很暗的时候,图像整体变暗的程度不会很明显。

(3)选择设置灰场吸管工具,在图像中单击绿色树叶的部分,此时发现树叶变成灰色,说明灰场吸管工具是在图像单击后,图像中所有像素的颜色会根据单击树叶颜色的部分进行整体亮度的调整,由于绿色树叶在图片中呈现出中色调的颜色,所以单击之后发现图片变灰的程度不是非常突出。以灰度吸管工具运用,此时发现图片整体的效果呈现出秋天的花朵景象。

(4)单击灰场吸管工具,当单击黑色的部分时,发现图片整体呈现的不是十分明显,灰度基本上不显示出来。

(5)当吸取图像中颜色最亮部分时,由于根据灰色的颜色图片整体像素的变化,此时发现图片的灰度效果变得十分明显。

（6）当选择红色通道的时候，图片中红色的花朵就可以进行颜色的调整，想调亮一些就拖动滑块调整，此时发现图片中的亮度和暗度对比度十分明显。

（7）选择 RGB 通道，然后先用黑场吸管选取图片中暗的部分，再次用白场吸管选取图片中亮的花朵边缘的部分，然后再次用灰场吸管吸取图片中暗的部分，此时发现图片的整体亮度和暗度之间形成了鲜明的对比，图片的层次感十分明显。

第三节　室内设计后期处理练习

有时渲染出来的效果图总是不能达到理想的效果，比如画面偏灰、细节不够等。Photoshop 可以帮助修正效果图。

（1）首先，看一下需要改进的效果图，图 12.23 是一张刚从 3ds Max 导出的室内效果图。

图 12.23　效果图

上图中，不难看出有以下几点问题：画面偏灰；墙面看起来灰，不白；筒灯处理简单，不符合现实物理现象；电视墙正面是偏白的射灯，在墙上灯光色本意是偏黄的色调，现在呈现的是白灰，光线冷暖不协调；室内陈设不丰富等。

（2）Photoshop 提供了几个傻瓜式命令，即自动色调、自动对比度和自动颜色，下面先依次执行这些命令，会发现图片效果比原图好很多（有时和需要的效果不相一致，可进行选择）。但是一些局部仍然不尽如人意，有些人会觉得这效果已经很不错了，这就需要多看，只有多接触优秀的作品，通过对比才会发现自己的不足。

（3）有些暗部明暗关系还存在比较灰的感觉，层次感欠缺，需进行局部选择，用快捷键"Ctrl+M"调出曲线工具窗口，利用曲线对局部明暗进行相应调整，到底调整成什么样，那就需要和整体效果看起来更加协调，主要靠审美经验了。

（4）沙发部分看起来有些不够暖，与室内整体色调对比不够强烈，用快捷键"Ctrl+B"对局部色彩冷暖度进行调整。

（5）楼梯玻璃通透度不够，局部选择用快捷键"Ctrl+M"调整明度和对比度。这样图片整体色彩就明快了很多，画面也显得干净。初步调整效果如图 12.24 所示。

图 12.24　初步调整效果

（6）添加植物，考虑到远近中景之间的关系，影子不要忽略，添加植物后室内有生气了。

（7）客厅背景墙与餐厅背景墙上的灯光相比，后者还要亮些，从远近关系来讲后面的灯光有些抢镜了，选择客厅背景墙灯带部分，适当调暗，再选择客厅背景墙适当调亮。

（8）天花板射灯采用的是不锈钢色，与沙发和楼梯墙壁的暖色缺少呼应，将其更换为钛合金材质。完成效果如图 12.25 所示。

图 12.25　完成效果

（9）用快捷键"Ctrl+L"查看下色阶，如果黑白灰比较均衡，并且整体效果协调，就基本完成了后期处理。不同的设计师都有自己后期处理特有的方法，需要兼容并蓄。

第四节　建筑效果图后期处理练习

（1）本章内容更适合建筑学、室内设计专业的学生练习，在操作过程中会发现 PS 君的另一面。后期处理需要很多素材，这就需要注意日常的积累并分类保存。建筑效果图后期处理前后对比如图 12.26 所示。

图 12.26　建筑效果图后期处理前后对比

（2）彩色平面图制作也必不可少,相关专业的同学需要多多临摹练习。相关范例如图 12.27 和图 12.28 所示。

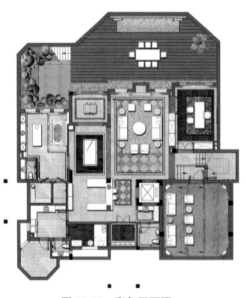

图 12.27　彩色平面图一

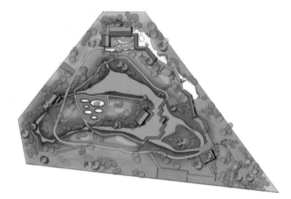

图 12.28　彩色平面图二

彩色平面图绘制的一般步骤分为以下五点。

（1）CAD 总平面图绘制。首先要求分层作图,做到简洁、准确,譬如道路、建筑、植物、铺地等等(具有干净图层的 CAD 可以提高工作效率,节约时间)。

其次要求主次分明,突出重点。规划总平面,图面基底最下,依次是用地、河流、地形、铁路、轻轨、路网、字和图框。

（2）导入 Photoshop。其方法是：在 CAD 里输出 EPS 格式文件；在 CAD 里另存位图文件。无论是 BMP 还是 TIF 文件，一般采用转换格式的方式改变为黑白格式。先转换为 GRAY 模式，在 GRAY 模式中调整对比度，再转换回 RGB 模式。

（3）填充色块。在图线后增加一层填充为白色（或绿色变草地层），建议每个新增加的图层都命名。填充面积大的部分，如草坪、建筑等大块的东西，以便于快速确定图形整体的颜色倾向、色彩基调。

（4）调整效果。好图与差图区别在于细节处理，阴影、明暗、光线、色调等等。用不同的方法给建筑、植物、水等加阴影，会让画面有立体感；用加深或减淡工具（黑色阴影可调低画笔透明度使用）；人的色感可用色彩三属性——色调、亮度、饱和度表示，用"亮度／对比度"或"色相／饱和度"命令对各个图层颜色进行调整，使整体协调。

（5）添加文字。最后添加道路名称、层数、建筑图例编号等，切记不要忘记比例尺、指北针、风玫瑰。

课外作业

1. 制作一张自己家的彩色平面图。
2. 拍一张自己的住所照片，然后换个环境。

第十二章

第十三章

切片工具

（网页设计，抛砖引玉）

随着信息技术的不断进步，Photoshop 功能正在悄然发生改变，从最初的以印刷输出为主要任务，已转变为数字图形图像处理的多面手。在网页设计、UI 设计的学习中 Photoshop 也是必修课。

网页设计（Web Design），是根据企业希望向浏览者传递的信息（包括产品、服务、理念、文化），进行网站功能策划，然后进行的页面设计美化工作。作为企业对外宣传种类的重要一种，精美的网页设计，对于提升企业的互联网品牌形象至关重要。而 UI 设计（或称界面设计）是指对软件的人机交互、操作逻辑、界面美观的整体设计。UI 设计分为实体 UI 和虚拟 UI 两种。互联网说的 UI 设计是虚拟 UI，UI 即 User Interface（用户界面）的简称，某种意义来讲 UI 包含网页设计；打开手机，林林总总的 APP 界面设计都有 Photoshop 耕耘的身影。后者目前方兴未艾，是艺术设计实践的新阵地。

虽然 Photoshop 并不像 DreamWeaver 是网页设计的直接执行者，但是对于页面布局设计以及各种按钮、特效的制作它是不可或缺的。

基于网页设计和 UI 设计的重要性，笔者特意拿出较大的篇幅和大家共同探讨 Photoshop 在这些新媒体设计领域的应用与实践。而切片工具算是"抛个砖"，为我们引出这个话题。

第一节 切片工具

在网页中处理图片时，有时会想要加载一个大的图像，比如页面上的主图，或者是背景。如果文件很大，它加载的时候需要的时间就会变长，尤其是用户网速比较慢的时候，网站开发者肯定不想因为这个原因而影响了用户体验。可以通过压缩来减小文件大小，但是这会使图像质量受到影响，压缩文件也要适可而止。因此，需要注意以下几个问题：一是实际文件的大小；二是分辨率；三是压缩。

解决这个问题的方法就是把图片分割，它允许在加载图片的时候可以一片一片地加载，直到整个图像出现在屏幕上。裁切、切片工具如图 13.1 所示。

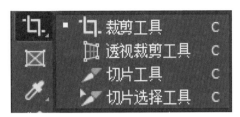

图 13.1　裁切、切片工具

一、使用原理

首先讲述下它的工作原理，当有一个需要花很长时间来加载的大图像时，可以使用 Photoshop 中的切片工具把图像切成几个小图。这些图像可以单独保存，还可以通过文件菜单"存储为 Web 所用格式"保存。

此外，Photoshop 生成 HTML 和 CSS 以便用来显示切片图像。在网页中使用时，图像通过在浏览器中重新组合达到网页能够平滑流畅打开的效果。图 13.2 是一个关于图像切片的例子。

图 13.2　切片效果

二、切片的基础知识

为了简单起见，这里只在一个图上使用切片工具。

（1）在创建切片时，可以使用切片工具或构建使用层。

（2）切片可以通过选择工具来选取。

（3）可以移动它，设置它的大小，还可以让切片与其他切片对齐；而且还可以给切片指定一个名称、类型和 URL。

（4）每个切片都可以通过保存时的网页对话框进行优化设置。

按下键盘上的"C"键，选中裁剪工具，选择切片工具。当创建切片时，可以进行如下三个样式设置：正常、固定长宽比和固定大小。

（1）正常：随意切片，切片的大小和位置取决于在图像中所画的框开始和结束的位置。

（2）固定长宽比：给高度和宽度设置数字后，得到的切片框就会是这个长宽比。

（3）固定大小：固定设置长和宽的大小。

当分割图像时会碰到一些选项。如果精确度不那么重要，那么可以手工切片图像，必要的时候，还可以使用切片选择工具对已完成的切片图像进行调整。如果精确度很重要，那么可以使用参考线在图像上标出重要的位置。

在顶部的切片菜单栏，按"C"键或切片工具激活菜单栏图片，画好参考线后选择基于参考线的切片的按钮。它就会自动绘制切片。此外还可以使用切片选择工具重新定位切片。

三、编辑切片信息

创建切片之后，可以通过以下两种方式中的任一种编辑切片信息。一种要做的就是单击切片选择工具，再单击想编辑的切片，然后再单击菜单栏中为当前切片设置选项的按钮。另一种是鼠标右键单击切片，在弹出的菜单中选择编辑切片选项。这两种选择都将弹出切片选项对话框。

对话框里有如下设置。

（1）切片名称：打开网页之后显示的名称。

（2）URL：单击这个被编辑的图片区域后，会跳到输入的目标网址内。

（3）目标：指定载入的 URL 帧原窗口打开，表示是在还是在新窗口打开链接。

（4）消息文本：鼠标移到这个块时浏览器左下角显示的内容。

（5）Alt 标记：图片的属性标记，鼠标移动到这块时鼠标旁的文本信息。

（6）切片的尺寸：设置块的 X、Y 轴坐标，W、H 的精确大小。

四、保存网页

一旦满意当前的布局后，选择菜单"文件 > 存储为 Web 所用格式"命令，保存图片。在这里，可以为切片设置文件类型或者使用网页对话框中列出的默认设置。完成设置后，单击"存储"按钮。

第二节　网页设计与 UI 设计案例

一、网页设计案例

一个优雅的设计不只体现设计者的想法，还要迎合用户的需求，需要根据各种各样的原因而改变。这一切取决于良好的排版、结构化的布局以及具有视觉吸引力的背景。

结构很简单，包括横向菜单、主标题面板和内容区。尽管是设计主页，也可以想象一下内部页面可能具有不同的主题面板和新的内容区。本案例只进行主页设计。

（1）新建一个文档。创建的文档宽 1100px 高 1100px。这个文档可以用于宽为 1024px

的站点，仍然还有空间去决定在可视区域之外如何布置，这样在更大屏幕下也可以很好地适应。创建一个美观抽象的背景，而且是一个吸引眼球的背景，要足够抽象到不会干扰人阅读文字。按下"Ctrl+I"键将图片反置，调整色相，这样就很酷了！水墨图片如图 13.3 所示。

图 13.3　水墨图片

（2）现在把处理过的水墨图片拷贝到主画布上，按下"Ctrl+T"键，将其调整到适当大小。水墨图片处理效果如图 13.4 所示。

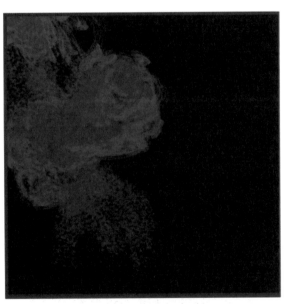

图 13.4　水墨图片处理效果

（3）现在复制方框所在图层，按"Ctrl+T"键调整方框大小，保持宽度不变，高度变矮。这就是浏览框。将透明度设置为 40%，填充设置为 50%。这样这个方框看起来更淡，也给两个方框添加了一些深度感，让人觉得主次分明，有所侧重。

这种两个方框的对比方式可以很好地用来表现元素之间的视觉差异。用户浏览该页面，首先想让他们看到大块信息，然后才是浏览栏。淡化处理意在告诉用户这部分并不是要想突出的地方,可以稍后再看。接下来,加入文本区,如图 13.5 所示。

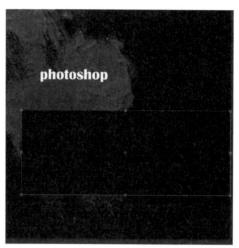

图 13.5　加入文本区

（4）在文本区加上一些文字。这里仍给大标题使用 Egyptian Light 字体,菜单栏使用 Arial 字体。这里给出关于字型的一些建议,这样的设计很大程度上取决于使用一种简洁字型,漂亮大方的文字显得非常大气,同时它是一种细瘦字型,因此看起来十分优雅。如果在寻找一个高端设计外观,那么细瘦经典的字型必不可少。比如笔者第一次看到雅黑体的时候,便将它大量应用到设计中,这样设计看起来的确既简洁又高档。

另外, Egyptian Light 这种特别字体具有笔直的衬线,又有一种方形感觉,看起来很酷。还有其他很多很棒的字体也可以使用,但是一般来说要用一些较为经典的字体。换句话说,除非确定知道自己的需求,否则最好不要使用那些样子奇怪的字体,因为会大大降低文字的识别性。除非自信满满,否则还是选择一些更为普通的字体。输入字体如图 13.6 所示。

图 13.6　输入字体

（5）现在再画一个大黑框作为内容区。实际上可以复制先前的图层,然后做一些调整。

完善文本内容后如图 13.7 所示。看起来还不错！

图 13.7　完善文本内容

（6）在内容框里加一些假内容。这里大多数文字还是用 Arial 字体。完善图标后如图 13.8 所示。

图 13.8　完善图标

（7）把以上这些放在一起，准备建站了。完成效果如图 13.9 所示。

图 13.9　完成效果

这个案例挑选了很炫的背景图片。虽然很好看,但是不会喧宾夺主,也很容易淡出。一般容易淡化的图片更容易处理。好图片一定要搭配简洁的字体排版。因为图片已经很可爱了,就没有必要过分强调字体。一定要是清爽明了,井井有条。

影响作品另一个因素就是有足够空间。在复杂背景下,很容易看东西一团糟,所以元素之间、方框以内等地方要保持足够的空间。空间宽裕也是让设计看起来更为高档的好方法,没人喜欢乱七八糟的初级设计。

二、UI 设计案例

手机 APP 无疑是目前应用最广泛的 UI 设计种类,在制作 APP 界面之前,首先需要一个手机界面原型。由于 IOS、安卓系统有不同的尺寸要求,可以通过浏览相关正确的尺寸规格进行制作,并且与现有素材进行结合。

如果用作商业用途,需要尽量查阅原型尺寸要求,严格按照要求进行制作;如果是用以作品集创作或者日常练习,直接下载相关型号手机图片即可。

下面以 iPhone 7 为例,使用 Photoshop 进行 APP 界面制作。

(1)找到相应的素材,比如手机的外形(图 13.10)。白色的手机可以添加一个深色背景,在这里添加了一个深灰色的背景。

图 13.10　手机模板

双击该背景图层,弹出该图层的图层样式,设置渐变叠加(这里设置的是灰色至深灰色的渐变背景),如图 13.11 所示。

图 13.11 渐变背景设置

（2）按"Ctrl+R"键调出标尺（图 13.12），用鼠标拖动标尺参考线，作出界面规格的参考
线。建立新图层，按照参考线建立等比例大小的矩形，作为界面的背景，如图 13.13 所示。

图 13.2 标尺

图 13.13 设置标尺

（3）插入图片，可以利用矩形等形状工具完成，这步操作是把版式进行规范，如图 13.14 所示。

图 13.14　建立矩形

（4）再将图片（图 13.15）拖入 Photoshop 中，调整图片大小，并且放到合适的位置。图片的图层位置要在白色矩形的位置后面。

图 13.15　插入图片

（5）把鼠标放在两个图层之间按"Alt"键，创建剪贴蒙版，这么做是为了更方便地裁切到最想要的部分，如图 13.16 所示。

图 13.16　创建剪切蒙版

（6）新建图层，添加黑色矩形，调节透明度，如图13.17所示。

图13.17　调节透明度

（7）在黑色矩形上添加白色字体。交互界面中，文字的添加需要考虑对比度，能保证使用者可以看清楚字。如果字过于密集，可以全选，然后按"Alt+→"键调节字间隙。加入标题文字后如图13.18所示。

图13.18　加入标题文字

（8）制作界面框架，建立一个矩形后，在该矩形下面添加文字。按住"Alt+Shift"键，用鼠标拖动该图层、文件夹等，进行平行复制（可通过建立参考线进行辅助）。在交互设计中，整齐美观的版式设计很重要。加入文字后如图13.19所示。

图13.19　加入文字

（9）根据第（3）步，为每个矩形添加图片，创建剪贴蒙版。注意图片的色调要统一，案例偏冷色系。调整图片后如图 13.20 所示。

（10）检查整体排版并进行调整。由于考虑到整体风格跟色系搭配，选择色调相近的图片，以保持整体一致性。完工效果如图 13.21 所示。

图 13.20　调整图片

图 13.21　完工效果

第三节　网页设计练习

网页设计一般分为三种大类：功能型网页设计（服务网站和 B/S 软件用户端）、形象型网页设计（品牌形象站）、信息型网页设计（门户站）。设计网页的目的不同，应选择不同的网页策划与设计方案。

网页设计的工作目标，是通过使用更合理的颜色、字体、图片、样式进行页面设计美化，在功能限定的情况下，尽可能给予用户完美的视觉体验。高级的网页设计甚至会考虑到通过声光、交互等来实现更好的视听感受。网页设计一个重要的辅助工具就是 Photoshop，专业的网页设计软件 Adobe Dreamweaver 辅以 Photoshop 就会如虎添翼。网页设计范例如图 13.22 和图 13.23 所示。

图 13.22　网页设计一

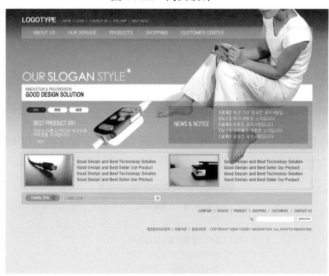

图 13.23　网页设计二

课外作业

临摹一张网页页面,内容换为你本人的介绍,身高、体重、兴趣爱好等可作为导航栏内容,尺寸按电脑尺寸设置,分辨率为 72 像素 / 英寸,制作完成后设为桌面看看效果。

第十三章

第十四章

3D 功能
（UI 设计，逆天的黑科技）

Photoshop 的版本更新到 CC 这一代，功能真是越来越强大了，比如横空出世的逆天 3D 功能，堪称黑科技，还特别简单实用易上手。以前，我们只当 Photoshop 是个二维软件，没想到如今加入了 3D 功能，而且功能相当强大。比如想要简单建一个模什么的，就可以不再借助 3ds Max。毕竟相比较 Photoshop 而言，3ds Max 操作更加复杂；笔者的意思大家不要曲解，艺多不压身，能多掌握些知识和工具，当然是好的，只不过在各个软件间切换自然比在一个软件内操作熟练要复杂很多。

第一节　初识 3D 功能

本章要讲到的是 Photoshop 中的 3D 功能（图 14.1），学会了这个功能会在工作中节省更多的时间，并使三维制作效果更真实。

图 14.1　"3D"菜单

3D 属性面板如图 14.2 所示，3D 的属性和操作窗口如图 14.3 所示，可以看到 3D 功能比图层样式强大的多。

图 14.2　属性面板　　　　图 14.3　3D 窗口

下面通过案例来学习 3D 的简单操作。

（1）3D 就是把平面变成立体，文字或图形都可以，怎么让字变成立体的，在画布上写"Photoshop"几个英文，如图 14.4 所示。

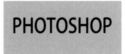

图 14.4　输入文字

（2）写好字之后，再单击"3D > 从所选图层新建 3D 模型"命令，如图 14.5 所示。

图 14.5　新建 3D 模型

（3）单击"确定"按钮之后会发现，刚才写的字已经变成 3D 的了，如图 14.6 所示。

图 14.6　文字 3D 效果

（4）现在可以在画布上旋转文字找到自己想要的角度。

（5）在属性面板里可以调整文字的突出程度，就是文字的厚度。

（6）这里选择的是"透视"而不是"正交"，"透视"有近大远小的功能而"正交"没有。

（7）环境可以选环境色，这个 3D 功能，可以为文字设置不同的材质。

第二节　3D 功能应用案例

上节这个案例比较简单，下面来个复杂的海报设计，希望能对 Photoshop 3D 功能在实战操作中的应用有更全面的认识。

在制作的时候首先要去网上找一个基础的素材图，这个海报最终好看与否就跟找的素材有关联，所以尽量找一些好看的素材图，建议找一些星空图片，星空素材比较容易出效果，网络搜索星空素材很多。

（1）在 Photoshop 中建立一个文件，尺寸可以根据自己的需要而定，没有特别的规定。

（2）建立完画布之后把素材（图 14.7）拖拽到画布中，放置在最佳区域，然后复制图层，新建一个图层。

图 14.7　星空图片

（3）单击原图图层，按"Ctrl+T"键将选区放大到最佳位置，作为背景底层。复制的图层先不做任何操作。

（4）这个操作是最关键的一步，首先要单击复制的图层，然后选择"3D> 从图层新建网格 > 深度映射到 > 平面"命令如图 14.8 所示。

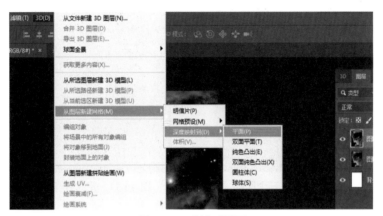

图 14.8　映射到平面

（5）到了这一步可以根据自己的审美进行拖拽，左右、上下视角都可以，每一个视角都有不同的美，所以自己尝试变换一下，找到一个自己喜欢的视角，那么单击哪个会左右、上下移动视角呢，3D 模式第一个小图标就是。单击之后鼠标选择到 3D 图层部分，选择当前视图图层（图 14.9），然后可以用鼠标上下左右改变视角，如果单击场景图层，那么在移动视角的时候只能前后移动，这块知识了解即可，试验一下，看看是不是很好玩，很简单。

图 14.9　当前视图

（6）选择视角之后，发现主体视觉太小，没有填满画布，这样并没有完成，教你一个图标，单击 3D 模式第三个图标（图 14.10），然后单击 3D 图层中的当前视图，这样上面才能出现属性那栏，调节属性栏中视角，光标越往右画面越大，光标越往左画面越小。根据自己的视觉需要定义视角值，如图 14.11 所示。

图 14.10　第三个图标

图 14.11　定义视角

（7）在 3D 图层中,选择场景图层,然后上面会出现属性,选择预设中的"未照亮的纹理"选项,这样整个画面感觉马上就出来了。

（8）选择第一个图层后单击鼠标右键,出现栅格化 3D,这时候变成普通图层,然后利用蒙版功能,或者是橡皮擦把画面画圈部分去掉,让画面更自然一些,在选择画笔时要选择那种虚一点的。

（9）颜色处理,根据画面调节一下饱和度、色值以及色彩平衡,给予图片一个暗角渐变,暗部与整个画面融合。

（10）整个画面需要文字的搭配,才能更体现画面的视觉。所以,利用英文、中文、图形的搭配才能使整个画面的生命力体现出来。至于文字如何去排版那就根据自己的设计能力,怎么合理就怎么搭配。图 14.12 为最终效果,是不是文字排版之后就不一样了,画面具有冲击力了,炫酷了不少。

图 14.12　完成效果

显然 3D 中还有很多功能,希望小伙伴们自己去尝试体验。这次案例很简单,但也很出效果,其实总结起来就那么三步,素材图片导入选择"3D> 从图层新建网格 > 深度映射到 >

平面"命令；调整大小、位置；颜色处理，加上文字。那么快操作起来吧，由于电脑需要大量的运算，你会嫌弃电脑的运行速度的。

　　Photoshop 的功能繁多，还需要同学们善于利用，把它的功能发挥到最大。

第三节　UI 设计练习一

　　好的 UI 设计不仅是让软件变得有个性有品位，还要让软件的操作变得舒适简单、自由，充分体现软件的定位和特点。这个方兴未艾的设计形式 Photoshop 自然也不会缺席，并且依然发挥着重要作用。UI 设计范例如图 14.13 所示。

图 14.13　UI 设计一

第四节　UI 设计练习二

　　图标设计肯定是 UI 设计必不可少的元素；思考一下图 14.14 中的瓶盖效果是怎么做出来的？

图 14.14　UI 设计二

课外作业

临摹一张手机 APP 页面，选择设计元素有 3D 效果的，内容换为你生活中某个瞬间，尺寸按你的手机尺寸设置，分辨率为 72 像素 / 英寸。制作完成后传到手机上作为桌面看看效果如何？

第十四章

第十五章　数字绘画与特效

（原画设计，宫崎骏的王者荣耀）

　　Photoshop 学到现在应该对它的功能已经有了较深的认识，但是要成为高手、高高手还需假以时日。动画与游戏设计近年来在国内发展迅猛，人才需求旺盛，Photoshop 在其中能发挥什么作用呢？对了，原画的绘制肯定对于 PS 君来说，不在话下。本章将介绍一个 Photoshop 合成手绘效果的案例，希望通过本章的学习，大家能够对 Photoshop 的强大功能有更深刻的认识。

第一节　画原画

一、插画

　　插画是作为插图为书刊杂志及绘本服务。阿尔方斯·穆夏是插画界的鼻祖，作品如图 15.1 所示。插画在 20 个世纪 30 年代的美国曾经有过一段黄金时期，那个时候插画家的地位堪比现在的影视明星。

图 15.1　阿尔方斯·穆夏的插画作品

二、原画

和插画稍微有所不同,原画则主要是为动画和游戏服务。动画中的原画主要是指角色动作的关键帧,游戏中的原画则主要是游戏制作前期的角色和场景设定。在设计实践中手绘会起到出人意料的艺术效果,所以画不画原画手绘都很重要。

三、数位板

工欲善其事必先利其器,无论是用哪一款软件绘画,数位板都会是一个很好的助手。数位板(图 15.2)能根据人画画时下笔的轻重,在电脑上模拟出线条的粗细,颜色的深浅变化,如同人在使用真实的画笔一样自然灵活。

图 15.2　数位板和无源无线压感笔

四、常用绘画软件

实际上经常用来画插画的软件有 Photoshop, Sai, Clip Studio Paint(简称 CSP), Comic-Studio(简称 CS)等,专门为绘画设计的 Painter 却已经很少有人使用。在插画师的实际工作中,根据使用习惯和工作流程的不同可选择不同的软件。如果是画游戏宣传海报、人物立绘、人物设定、卡牌插画、游戏原画一般选用 Photoshop。如果是画日式风格的插画,则通常用 SAI。如果是画黑白漫画,则用 CS。如果是画彩色漫画,则用 Photoshop 和 CSP。(PS、SAI、CSP 的软件图标如图 15.3 所示)。

图 15.3　PS、SAI、CSP 的软件图标

五、Photoshop 在绘画方面的优势

因为 Photoshop 对于数位板的压感支持良好,再加上 Photoshop 强大的图层管理能力和

丰富的笔刷库，使得 Photoshop 几乎能胜任所有类型的插画和原画，无论是儿童插画、古风、Q 版、日式赛璐珞、日式厚涂，还是欧美写实、欧美卡通、唯美写实风格的插画，只要选择合适的笔刷和绘画流程，用 Photoshop 都能惟妙惟肖的画出来，而且用 Photoshop 绘画的效率很高。使用 Photoshop 的套索工具制造选区，可以快速的塑造要画的内容。

下面通过一个插画案例来学习 Photoshop 的使用。Photoshop 软件虽然在传统意义上被认为是一款修图及合成图像的软件，并不是专门的画图软件，但是随着 Photoshop 版本的更新，它的绘画功能也越来强大，使用 Photoshop 也能够得心应手的画图了，例如 Photoshop CC 2019 版就拥有 SAI 和 CSP 所特有的线条防抖功能，这下大家再也不用担心线条画不流畅了。此外，Photoshop CC 2019 版的颜色面板中还集成了一个色环，在绘画时非常方便取色。

六、要绘制的插画解析

接下来这张插画采用了厚涂 Q 版风格，最终的画面不保留线稿，以色块塑造体积和光影，可爱的 Q 版角色在目前很受欢迎，绘制的难度也不高，相对于正常比例的角色，Q 版的绘制更容易学习和掌握。

这张插画中的小小魔法师骑着法杖在飞行，左手扶着法杖，右手翻开了名为重庆工程学院的魔法书，书中飞出了许多本小书。

七、具体绘画步骤

（1）打开绘制好的线稿.PNG 文件，在"图层"中新建一个图层，图层模式设置为"正常"。将这个图层命名为"剪影"，放在线稿图层的下方。制作剪影图层如图 15.4 所示。

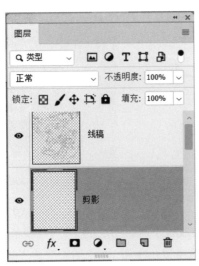

图 15.4　制作剪影图层

（2）选用套索工具沿着人物外轮廓绘制选区，灵活运用"Shift"键配合套索做加选和

"Alt"键配合套索做减选,最终形成封闭选区。用套索工具制作选区如图 15.5 所示。

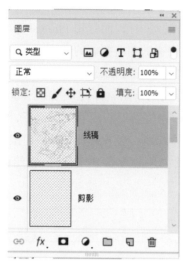

图 15.5　用套索工具制作选区

（3）打开窗口中的颜色面板,选择 HSB 色彩模式,分别建立背景、云朵、书本、地面图层,选中剪影图层,为上一步所做的人物选区填充 H0S0B50 的灰色,用魔棒配合套索工具分别制作出云朵、书本、地面的选区,在云朵图层,为云朵填充 H0S0B65 的灰色,在地面图层,为地面填充 H0S0B30 的灰色。其中较小的书本和云朵填充一样的灰色。在背景图层,为背景整体填充 H0S0B75 的灰色。人物和背景填充不同的灰色如图 15.6 所示。

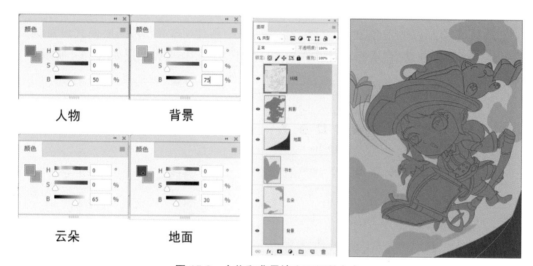

图 15.6　人物和背景填充不同的灰色

（4）新建一个图层,命名为"体积",该图层放置于剪影图层的上方,在线稿图层的下方。在体积图层和剪影图层之间按"Alt"键,同时单击鼠标左键,体积图层变成了剪影图层的图层剪切蒙版。这样在体积图层中无论如何绘制都不用担心超过边界了。制作图层剪切蒙版如图 15.7 所示。

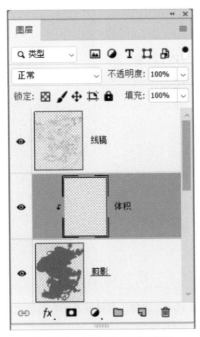

图 15.7　制作图层剪切蒙版

（5）选用工具栏的画笔工具，再选择笔刷库中的方头笔，尽量依靠自己握笔的压力大小来画出轻重的笔触。选择比人物更深的灰色 H0S0B40 绘制人物的暗部和投影，在体积图层上参考图 15.8 画出人物的暗部。注意，凡是有遮挡的地方，都是暗部。例如，人物对法杖的投影以及帽子对脸部的投影。

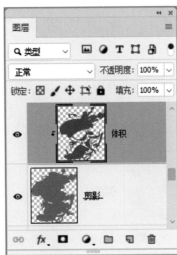

图 15.8　完成图层剪切蒙版

（6）暗部绘制好以后，按"Ctrl+J"键复制体积图层和剪影图层，再按下"Ctrl+E"键合并体积图层和剪影图层。改名为"明暗"，选用工具栏的涂抹工具，再选择如图 15.9 所示的笔刷，在人物的亮部和暗部之间涂抹，做过渡处理。

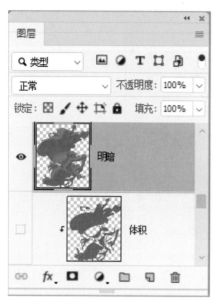

图 15.9　涂抹工具绘制亮部和暗部过渡

（7）新建一个图层，命名为"AO"，选择工具栏的画笔工具，再选择喷枪笔刷，选用 H0S0B30 的灰色，绘制出人物身上最深的部位，也就是常说的 AO 环境阻光。绘制完成后，再对 AO 图层执行"滤镜＞高斯模糊——半径为 10 像素"命令。用喷枪画笔绘制 AO 如图 15.10 所示。

图 15.10　用喷枪画笔绘制 AO

（8）绘制固有色时建议同一个颜色的单独放在一层，便于更改颜色。新建图层，命名为 "蓝色"，图层模式为"叠加"，使用魔棒工具选择人物的帽子、裙子、腰部、袖子，为其填充 H219、S56、B67 的蓝色，在魔棒无法完美选择的地方，可用圆头画笔来绘制。用魔棒工具和填充工具绘制人物蓝色部分如图 15.11 所示。

图 15.11 用魔棒工具和填充工具绘制人物蓝色部分

（9）新建图层，命名为"红色"，图层模式为"叠加"，使用魔棒工具选择人物的头发，为其填充 H354、S59、B73 的红色。绘制人物红色部分如图 15.12 所示。

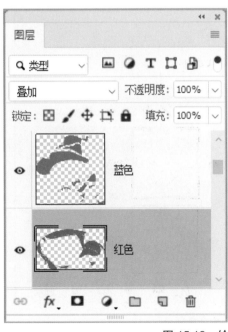

图 15.12 绘制人物红色部分

（10）新建图层，命名为"肤色"，图层模式为"叠加"，使用魔棒工具选择角色的手，脸部,为其填充 H15、S27、B98 的肉色。绘制人物肤色部分如图 15.13 所示。

图 15.13　绘制人物肤色部分

（11）新建图层,命名为"金色",图层模式为"正常",使用魔棒工具选择角色帽子上的装饰条、袖口、腰带、裙子的装饰条、腿部的装饰条、魔法书的包边、法杖,为其填充为 H29、S78、B95 的金色。绘制人物金色部分如图 15.14 所示。

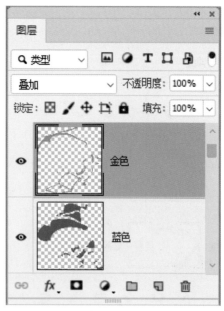

图 15.14　绘制人物金色部分

（12）新建图层,命名为"白色",图层模式为"叠加",使用魔棒工具选择角色的上衣、裤子、帽子上的球、小猫和猫尾,为其填充为 H45、S14、B89 的白色。绘制白色部分如图 15.15 所示。

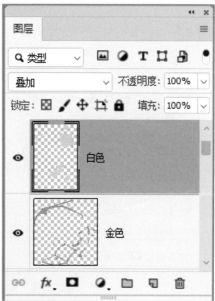

图 15.15　绘制白色部分

（13）新建图层，命名为"绿色"，图层模式为"叠加"，使用画笔工具，选择方头画笔，用 H49、S55、B76 绘制出角色身上的宝石。绿色作为点缀，可以丰富画面的色彩。绘制人物绿色部分如图 15.16 所示。

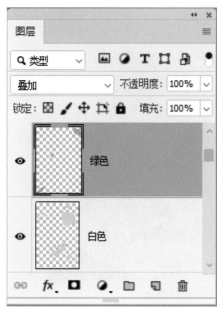

图 15.16　绘制人物绿色部分

（14）新建图层，命名为"书本封面和腿"，图层模式为"叠加"，使用画笔工具，选择方头画笔，选取 H335、S52、B35 的颜色，绘制出角色的腿部和书本封面。绘制人物深红色部分如图 15.17 所示。

图 15.17 绘制人物深红色部分

（15）新建三个图层，分别命名为"小的书本封面""书页""法杖"，图层模式都改为"叠加"，使用魔棒工具，为两本小的书的封面填充 H335、S31、B42 的颜色，使用魔棒工具为法杖填充 H21、S45、B51 的颜色，使用魔棒工具为书页填充 H42、S39、B89 的颜色。绘制小书本、法杖部分如图 15.18 所示。

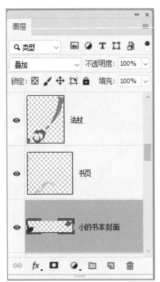

图 15.18 绘制小书本、法杖部分

（16）新建图层，命名为"五官"，使用工具栏中的画笔工具，选择方头笔刷，吸取宝石的绿色绘制出人物的眼睛，吸取肤色画人物的眼白，吸取肤色的暗部画人物的鼻子，吸取头发的红色画人物的嘴巴，用深红色画出人物的眉毛和睫毛，完成人物五官的绘制。用画笔工具绘制人物的五官如图 15.19 所示。

图 15.19 用画笔工具绘制人物的五官

（17）新建一个图层，命名为"背景"，先用喷枪笔刷绘制出云从青到浅蓝的渐变。再使用套索工具绘制出云的选区，然后用喷枪笔刷画出天空从蓝到浅蓝的渐变。使用套索工具绘制出地面的选区，再用喷枪笔刷绘制出地面。绘制背景如图 15.20 所示。

图 15.20 绘制背景

（18）打开学院的 LOGO 素材，为书本封面添加重庆工程学院的 LOGO，将图层模式改为"划分"，使得 LOGO 变成金色，并使用图层样式添加红色外发光效果，为打开的书本添加向上照射的光束。为光束增添一些小小的光点。

（19）细化画面和制作特效，整理画面的边缘，用橡皮工具擦除画面中比较粗糙的边缘，为人物身上金色的装饰条、书本的封皮、书页、皮带等物件画出厚度。用方头笔刷画出人物身上的光边，然后用喷枪画笔为两本较小的书本和法杖添加运动轨迹。为所有书本的书页添加外发光效果。添加效果后如图 15.21 所示。

图 5.21　添加效果

（20）压暗画面四角,对画面背景做高斯模糊处理,模糊 10 个像素,营造虚实对比。对画面重点——人物面部的局部做锐化处理,使用套索工具选择面部的眼睛,选区羽化 10 像素,使用"滤镜——锐化——USM 锐化",数量为 500%,半径为 1 像素,以突显人物的面部。为法杖末端和书本做运动模糊处理,根据法杖和书本的方向,使用"滤镜——模糊——动感模糊",距离设置为 90,以增强画面中人物的动感。按"Ctrl+Alt+E"键盖印全部图层,并对盖印后的图层按"Ctrl+J"键,复制一份,对复制出的图层单击图层样式中的混合选项,把红通道前面的钩去掉,并用移动工具移动复制出的图层约 3 个像素,为整体画面添加红蓝 3D 效果。大家可以佩戴红蓝 3D 眼镜查看画面最终效果。完成效果如图 15.22 所示。

图 15.22　完成效果

最后还是要说：想画好一张图的确是没有捷径的，教程只是一个技术和经验上的交流。主要的个人水平还是要从自我实践和吸收万物之优中提升的。画图很讲究的是个人基础和经验，打好了个人美术基础才是最重要的。不要想着这世界上会有人教你一夜成材，也不要怀疑自己是天才，所有的成功都需要时间的积累。失败了爬起来，不要迷失了自我才是重要的。懂得吸收比懂得模仿要来的实在，超越别人还不如超越昨天的自己更值得骄傲。不要跟着别人手指的方向看月亮，只要你愿意动手去做，一定会有成果的。努力吧！朋友。

第二节　特效合成

为了追求特殊的视觉效果，设计师有时会将绘画与摄影进行结合，从而展现某种设计思想。这种案例比比皆是，下面通过案例进行讲解，希望对大家有所启发。拳击大体上分为直拳和摆拳，但是在轻重缓急、闪展腾挪之间爆发出的组合拳才是最厉害的；Photoshop 也是如此，工具命令都摆在那里，怎么操作相信大家学起来很快，但是如何进行组合，从而将各种设计元素合成为意想不到的效果才能成为王者。

本案例中的汽车合成创意非常有趣，把一辆真车和效果图进行融合，接口处用彩色喷溅进行切换，整体非常有动感，也非常有吸引力，这就是手绘的重要性，很多设计师过于依赖电脑，其实精彩的手绘往往会起到出其不意的效果。

（1）制作背景：通过渐变编辑器（图 15.23）填充一个从深灰到浅灰的径向渐变。

图 15.23　渐变编辑器

（2）把手绘效果图（图 15.24）拖进该文件，按"Ctrl+T"键进入自由变换调整摆放的位置。

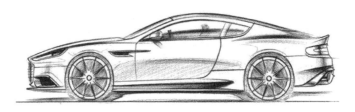

图 15.24 手绘效果图

（3）用钢笔工具抠取效果图，载出选区，进入菜单"选择 > 修改 > 收缩"1 像素。

（4）单击添加蒙版，把汽车提取出来。

（5）导入汽车图片（图 15.25），将车辆前半身抠出来，缝合好位置效果图图层可暂时隐藏，在汽车的图层上建个蒙版用黑色画笔将车头露出来的部分擦除。拼合图片如图 15.26 所示。

图 15.25 汽车图片

图 15.26 拼合图片

（6）将汽车前半身图层复制一层，建个蒙版，打开画笔属性找一个笔触飞溅一点的画笔，调整画笔方向以及大小制作随机飞溅的感觉。

（7）打开汽车前半身的拷贝图层，用液化工具对齐拉伸，继续用蒙版加黑色画笔制作第二层飞溅的感觉。飞溅效果如图 15.27 所示。

图 15.27 飞溅效果

（8）激活混合画笔工具，单击汽车前半身的图层缩略图，选好画笔样式，按住"Alt"键单击一下取样，新建一个图层（得到图层2），用当前画笔属性点击，调整画笔方向及大小将飞溅的效果继续延展。丰富飞溅效果如图15.28所示。

图 15.28　丰富飞溅效果

（9）新建图层，给一个50度的柔光灰（使用"编辑 > 填充 >50% 灰色 > 确定"命令），用减淡与加深工具增强图层1的明暗程度。

（10）增加饱和度。

（11）选择汽车各个图层，合并图层，得到图层2。添加照片滤镜，混合模式调为颜色加深。

（12）可对画面进行适当调整，加点文字或其他元素点缀，完成效果如图15.29所示。

图 15.29　完成效果

第三节　动画人物练习

原画师又称主镜动画师，是动作设计者，画成的稿件称为原画。每个人物、场景、道具、配色都是原画师画出来的，是动漫行业和游戏行业里一个非常热门的岗位，这几年受到追捧，未来仍然有很大的发展空间。课上时间是有限的，临摹局部，起到练习的目的就可以了。

宫崎骏创作的《千与千寻》动画人物如图 15.30 所示。

图 15.30　宫崎骏创作的《千与千寻》动画人物

第四节　游戏人物练习

中国游戏行业 2017 年整体营业收入约为 2 189.6 亿元,同比增长 23.1%。其中,网络游戏对行业营业收入贡献较大(前三季度营业收入达到 1 513.2 亿元),预计全年营业收入约为 2 011.0 亿元,同比增长 23.1%。所以,基于国内目前飞速发展以及成熟的游戏产业,原画师的就业市场还是非常大的。

游戏的人物海阔天空,更具视觉冲击力。游戏人物"冰城法师"如图 15.31 所示,游戏人物"创造"如图 15.32 所示。

图 15.31　游戏人物"冰城法师"(作者:潘熙)

图 15.32 游戏人物"创造"（作者：潘熙）

课外作业

临摹一张你儿时最爱的动画人物，绘画功底好的最好创作。

第十五章

第十六章

时间轴

（动画设计，孙悟空三打变形金刚）

动画形成原理是因为人眼有视觉暂留的特性，所谓视觉暂留就是在看到一个物体后，即使该物体快速消失，也还是会在眼中留下一定时间的持续影像。

小时候我们在课本的页脚画上许多人物的动作，然后快速翻动就可以在眼中实现连续的影像，呵呵，是不是让我们想起儿时的时光了。总结起来，所谓动画，就是用多幅静止画面连续播放（图 16.1），利用视觉暂留形成连续影像。

图 16.1　动作图

在前面所学的课程中，Photoshop 只是被用来制作如标志、海报、宣传册等静态图像的，十四章学习了 Photoshop 的黑科技三维建模功能，而 Photoshop 誓把"黑科技"进行到底，Photoshop CS3 Extended（扩展）版本开始出现了动画功能！

不知道哪一天 PS 君是否还会加入什么影视后期处理、网页设计什么的超牛功能，PS 君将从一个谦谦君子化身为三头六臂、手持无数法宝的宇宙第一大神从天而降，众人唯有顶礼膜拜，归从 PS 大神之后，其他设计软件均成为浮云，那是后话本书不表。

第一节　认识时间轴

现在需要在 Photoshop 中去创建一个由多个帧组成的动画，把单一的画面扩展到多个画面并在这多个画面中营造一种影像上的连续性，从而形成动画。

具体应用中动画经常被安放于网页中的某个区域用以强调某项内容，如网页广告动画。这种动画通常按照安放位置的不同而具备相应的固定尺寸，如 468 像素 × 60 像素、140 像素 × 60 像素、90 像素 × 180 像素等。

一、PS 时间轴怎么用

（1）打开 Photoshop 软件后，依次单击"窗口＞时间轴"命令，就打开时间轴面板了。

（2）如果 Photoshop 没有打开任何的文件，只打开时间轴面板（图 16.2）的话，是无法选择"建立帧动画"或者"创建视频时间轴"的。

图 16.2　时间轴面板

（3）此时只需打开一个文件，或者新建一个画布，就会自动让你进行选择："创建帧动画"还是"创建视频时间轴"（图 16.3）。

图 16.3　创建动画

（4）如果电脑系统是 Windows 7 32 位的话，在选择"创建视频时间轴"后"添加音频"（图 16.4）时，会直接弹出提示"不支持当前系统"。

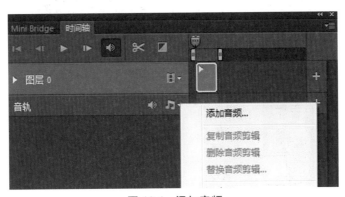

图 16.4　添加音频

二、帧动画

帧动画的用法很简单。选中其中"一帧"后，直接在图层窗口，调整图层中信息的位置以及是否显示某一个图层，就可以了，再说明白些，比如第一帧只把第一层的眼睛图标点开，在播放时第一针就只显示第一层的内容，下一帧第二层眼睛图标点开则显示第二层的内容，从而产生动画的效果。帧与图层如图 16.5 所示。

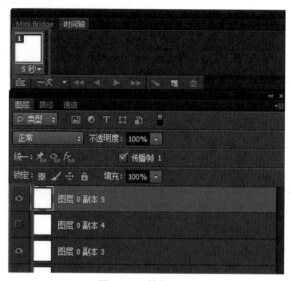

图 16.5　帧与图层

注意整体的循环次数以及帧与帧之间的停留间隔。时间延迟如图 16.6 所示。

图 16.6　时间延迟

三、视频时间轴

Photoshop 中"视频时间轴"的使用和"premiere"、"AE"等可以输出"视频"的软件有点像。其实大部分用于输出视频的软件操作方式都差不多，不同的地方只是细节上的操作以及功能的强大与否。

在对"视频文件"进行处理的时候，一般都是建议使用"视频时间轴"，其具体操作如图16.7 所示，对图层进行变换调整大部分都是在这里进行的。

图 16.7　图层调整

此时会发现"不同类型的图层"在视频时间轴中所能进行的"变换"是不一样的，一点都没错，看看图 16.8 就明白了。

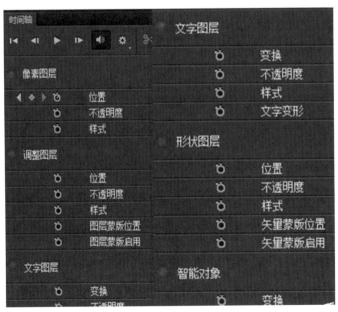

图 16.8　变换对比

四、输出方式

Photoshop 时间轴一般都是用来制作"GIF 动画图片"的,单击"文件 > 存储为 Web 所用格式"命令,把循环选项设置为"永远"(图 16.9),格式选择为 GIF 格式,设置"存储位置"即可;此外则是进行"视频渲染",单击"文件 > 导出 > 渲染视频"命令。

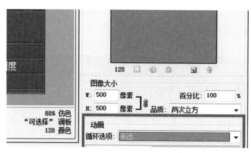

图 16.9 "永远"项设置

"视频渲染"对 CPU 和内存是有一定要求的,而且很少用 Photoshop 的时间轴制作大型的视频拼接。因为有更专业的软件 AE 用来制作特效,还有 Premiere 专门制作几十分钟乃至几小时的视频。

第二节 动画练习一

既然称为动画,那就是要令画面中的图像动起来,现在来学习制作两个简单的 GIF 格式动画。

一、蝴蝶的翅膀

(1)打开静态蝴蝶图片,如图 16.10 所示。

图 16.10 蝴蝶图片

(2)按"Ctrl+J"复制背景蝴蝶图层,依次将图层重命名为图层 1~5。

(3)单击选中图层 2,按"Ctrl+T"键自由变换,属性栏设置为 80% 的水平缩放,按"Enter"键确认。

（4）以此类推，将图层 3 中 w 设置为 60%，将图层 4 中 w 设置为 40%，将图层 5 中 w 设置为 20%（由于图层是不透明的，看效果时不要忘记将前面图层的眼睛关闭）。完成以上操作，此时效果如图 16.11 所示。

图 16.11　复制图层效果

（5）执行"窗口＞时间轴"命令，打开时间轴面板。

（6）单击激活图层 1 为当前图层。按住"Alt"键，单击图层 1 前面的眼睛缩略图，关闭除了图层 1 之外的所有图层，如图 16.12 所示。

图 16.12　显示图层一

（7）将帧的参数设置为 0.2 s，如图 16.13 所示。

图 16.13　设置延迟时间

（8）复制所选帧，选中图层 2，关掉除图层 2 以外所有图层的眼睛，将帧的参数设置为 0.2 s，如图 16.14 所示。

图 16.14　设置第二帧

（9）以此类推到第 5 帧（图层 5），到第 6 帧图层 1 停止。

注意：将循环选项选择为永远，为了让蝴蝶的动作看起来更流畅，把第 6 帧的参数设置为 0.1 s，如图 16.15。

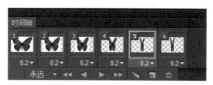

图 16.15　设置帧

（10）执行"文件 > 存储为 Web 和设备所用格式 > 存储为 GIF 动画"命令。

二、孙悟空棒打变形金刚

（1）打开动画片孙悟空（需要飞行、挥棒两张图片）和威震天的图片，抠图，由于大家都已经理解了 Photoshop 的动画原理，经过前面章节的学习很多命令没必要再逐步演示。

（2）背景层做一个简单的渐变效果。

（3）执行"窗口 > 时间轴"命令，打开时间轴面板。将帧的参数设置为 0.2 s，共设置 5 帧，第一帧对应威震天，第二帧对应孙悟空出现，第三帧对应孙悟空变大，第四帧对应孙悟空挥棒，第五帧对应威震天倒地。孙悟空棒打变形金刚逐帧演示如图 16.16 所示，孙悟空棒打变形金刚元素如图 16.17 所示。

图 16.16　孙悟空棒打变形金刚逐帧演示

图 16.17　孙悟空棒打变形金刚元素

（4）将帧的参数设置为 0.5 s 看看有什么不同，根据需要多加几帧，棒子抬起来又打，再抬起来再打，就是三打变形金刚了，是不是很简单；把每帧的时间按动作快慢设置再播放看看效果。

经过本节的学习大家可能对制作动画有所了解了，动起来简单，关键是绘画能力要强，动画制作出来才漂亮。但是单纯从制作一般的商业网页广告动画来讲，只是标志、字体或是产品动起来，Photoshop 的功能足够了。

第三节　动画练习二

用时间轴做一幅逼真的流水动画。

（1）新建一个 500 像素 ×500 像素、分辨率为 72 像素 / 英寸、RGB 颜色、8 位、背景为透明的画布。把前景色设为黑色，选择矩形选框工具，在属性栏把样式设置为固定大小，把宽度设置为 500 像素、高度设置为 8 像素，在画布上方单击一下，按"Alt+Delete"键填充。绘制色条如图 16.18 所示。

图 16.18　绘制色条

不要取消选区，按住"Ctrl+Alt"键不放再按一下"T"键，效果如图 16.19 所示。

图 16.19　按"Ctrl+Alt+T"键后的效果

再用方向键向下移动一段距离，如图 16.20 所示。

图 16.20　复制

（2）按"Enter"键确认。再次按住"Shift+Ctrl+Alt"键不放连续按"T"键，直至把画布铺满。选择矩形选框工具，把属性栏中的样式设置为正常，把画布中的矩形框全部框选（注意：在画布中上面和下面露出的空白高度要和两个小矩形之间的空白高度相一致）。连续复制效果如图 16.21 所示。

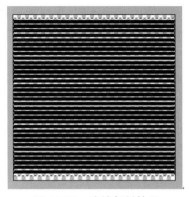

图 16.21　连续复制效果

（3）执行"编辑 > 定义图案"命令,弹出"图案名称"对话框,将图案名称设为"横线纹理"再按"确定"按钮保存,如图 16.22 所示。

图 16.22　定义图案名称

（4）打开一张图片,并按"Ctrl+J"键复制一层,单击工具栏中的"以快速蒙版模式编辑"图标,进入快速蒙版编辑,再选择画笔工具,用画笔在副本层上涂抹有水的部分,原图如图 16.23 所示,快速蒙版后如图 16.24 所示。

图 16.23　原图　摄影作者:何小勇

图 16.24　快速蒙版效果

（5）涂抹好后，再次单击"以快速蒙版模式编辑"图标，退出快速蒙版。将选区反选 按 "Ctrl+Shift+I"键，再按"Ctrl+J"键把带水的部分复制一层。注意图层的显示。

（6）选择图层 2，复制一层为图层 2 副本。将图层 2 副本改名为河水 2；图层 2 改名为 河水 1。图层改名如图 16.25 所示。

图 16.25　图层改名

（7）打开图层面板，单击下方"添加矢量蒙版"图标。给河水 2、河水 1 添加矢量蒙版， 如图 16.26 所示。

图 16.26　添加矢量蒙版 后

（8）先后单击河水 2、河水 1 的"图层面板缩览图"蒙版区域，填充纹理图案。选择"菜 单编辑＞填充"命令，在弹出的菜单中使用栏选择图案，找到横线纹理图案，单击"确定"按钮。填充纹理图案如图 16.27 所示。

图 16.27　填充纹理图案

（9）分别单击两个图层蒙版旁边的"铁链"断开连接。选择河水 1 中的"图层面板缩览图"，使该蒙版处于被选中的状态，选择"编辑 > 变换"命令，在弹出的菜单中选择旋转 90 度（顺、逆均可），按"Ctrl+T"键自由变换，使之变换框的上下、两端与图片的水面宽度及水平面一致。选择河水 2 中的"图层面板缩览图"，按"Ctrl+T"键自由变换，两端与图片的水面宽度及水平面一致时按"Enter"键确认。调整蒙版位置如图 16.28 所示。

图 16.28　调整蒙版位置

（10）分别选取河水 1、2 图层，按方向键 2~3 次，将河水 1 图层向左（或向右）移动；按方向键 2~3 次，将河水 2 图层向下（或向上）移动 2~3 次。

（11）选择"窗口＞时间轴"命令，调出动画面板并使之转换为时间轴模式的面板（图16.29）。单击时间轴面板上右上角的倒三角，在弹出来的菜单中选择"文档设置"（低版本无此功能）。

图 16.29　时间轴面板

（12）在弹出的时间轴设置中把时间改为 0:00:01:00，帧数率改为自定，设置 15 帧。

（13）在时间轴面板上点开河水 2 左侧方向向右的小三角图标，然后把时间轴拖向左侧，再单击图层蒙版位置左面的秒表图标为纹理，这时在零秒的位置上就有一个关键帧。把时间轴拖向最右侧，在图层面板上选中该图层的蒙版，选择移动工具，按住"Shift"键不放向上移动 2 次，这时在时间轴面板的最右侧就会自动增加一个关键帧。然后把时间轴拖向左侧，再单击点开河水 1 左侧方向向右的小三角图标，再单击图层蒙版位置左面的秒表图标，新建一个关键帧。把时间轴拖向最右侧，选择该图层的蒙版，按住"Shift"键不放向右移动 2 次。这时在时间轴面板的最右侧就又自动新建一个关键帧。（注：河水 1 向左移动；河水 2 向下移动）测试一下效果。

（14）选择"文件＞储存为 Web 和设备所用格式"命令，在弹出的菜单中把它设置为 GIF 格式，并在右下角把循环选项设置为永远。

第四节　动画练习三

一、万花筒

上两节的练习比较简单，那就来个复杂的，做一个旋转的万花筒。实际上命令的操作掌握都不难，难的是怎么将各种元素组合，从而得到出其不意的效果。

（1）新建一个大小为 600 像素 ×600 像素，分辨率为 150 像素 / 英寸，背景颜色为黑色的文档。

（2）选择工具箱里椭圆选框，按住"Shift"键在画布上绘制一个正圆，接着新建图层 1，按"Alt+Delete"键填充前景色为蓝色。

（3）拖动选区同时按住"Shift"键进行水平移动，移动到一定位置后，按"Delete"键删除后形成一个月牙形状，按"Ctrl+D"键取消选区。

（4）按"Ctrl+J"键复制一个图层 1 副本，拖动月牙移动到一定的位置，使其看起来更加美观。绘制基础图形如图 16.30 所示。

图 16.30　绘制基础图形

（5）选择钢笔工具在第一个月牙上创建一个锚点接着选择一个闭合的路径，按
"Ctrl+Enter"键形成一个选区。选择上面两个图层执行"Ctrl+E"键合并图层，按"Ctrl+R"键
调出标尺，并拖拽出参考线。调整后如图 16.31 所示。

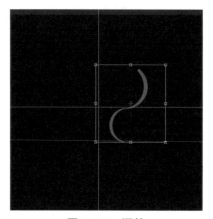

图 16.31　调整

（6）按"Ctrl+T"键进行自由变换，同时按住"Shift"键进行缩放，调整其位置使其一端对
准中心位置。旋转调整中心后如图 16.32 所示。

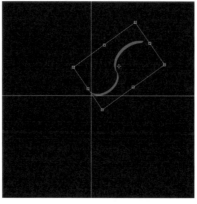

图 16.32　旋转调整中心

（7）按"Ctrl+J"键复制一个新图层，按"Ctrl+T"键进行自由变换，把中心点拖拽到左下角，设置角度单击"确定"按钮。

（8）接着按"Ctrl+Shift+Alt+T"键，形成一个圆圈，选择上面的所有图层按"Ctrl+E"键进行合并图层。

（9）接着按"Ctrl+J"键复制一个新图层，再按"Ctrl+T"键进行自由变换，用鼠标右键单击流图层并从菜单中选择"水平翻转"选项。

（10）双击图层1副本弹出"图层样式"对话框，在该对话框中勾选颜色叠加，设置颜色为蓝色，单击"确定"按钮，用鼠标右键单击该图层，从菜单中选择"栅格化图层"选项。

（11）按"Ctrl+J"键再次复制一个图层得到图层1副本，接着按"Ctrl+T"键执行变换命令，输入旋转角度，按"Enter"键。

（12）接着按"Shift+Alt+Ctrl+T"键，反复执行，直到把空隙填满，选择上面的图层创建一个组，命名为蓝色，并隐藏该组。

（13）选择蓝色图案图层按"Ctrl+J"键复制一个图层1副本，按"Ctrl+T"键自由变换，输入角度后按"Enter"键，再按"Shift+Alt+Ctrl+T"键，直至填满为止。这个感觉比较复杂，总而言之就是旋转复制，多复制些效果会更好。

（14）选择所有蓝色图层按"Ctrl+G"键创建组，命名为蓝色，取消隐藏的蓝色图层修改图层模式为正片叠底，执行"窗口 > 动画"命令，调出时间轴。

（15）在动画面板中单击"从图层创建帧"选项，选择第一帧，然后按"Delete"键把它删除，按住"Shift"键选择16~30帧，执行复制多帧命令。

（16）按住"Shift"键选择1~15帧，选择粘贴多帧命令，在弹出的对话框中选择"粘贴在所选帧之上"选项，单击"确定"按钮，并删除16~30帧。

（17）按住"Shift"键选择所有的帧，执行"将帧拼合到图层"命令，选择所有的帧设置延迟时间为0.1 s。复制完成后如图16.33所示。

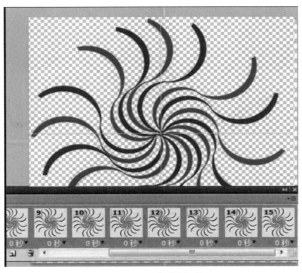

图16.33　复制完成

（18）选择所有帧显示背景图层，执行"文件 > 储存为 Web 和设备所用格式"命令，在弹出来的菜单中把它设置为 GIF 格式，并在右下角把循环选项设置为永远。至此，制作完成。

怎么样，你学会了吗，Photoshop 制作简单的动画效果其实并不难，重要的是多临摹多实践。

二、网页动画应用

在浩瀚的网络上，网站就好像急需引起注意的产品，如何吸引网络消费者，也就是浏览者的注意，使他进一步浏览网站，关注你希望他关注的信息，是每一位网页设计者煞费苦心的问题。其中，网页动画的出现不仅丰富了网站建设的设计元素，同时其较强的视觉冲击力使它在表现设计师意图方面具有更多的能动性，有助于吸引浏览者关注到最需要关注的地方。作为多媒体功能中视频效果的主要元素，动画已经成为网页设计师喜爱的传达信息的形式。

在一项动画与静态图形吸引浏览者注意力的调查中，结果显示：使用简单的 GIF 动画生成的广告图形，点击率会上升 10%~25%，而动画广告的面积平均比静态广告可以小 5%~25%。可见动画在网页设计中的重要性。

网页动画主要有以下形式。

1. 表情包

表情包是一种利用图片来表示感情的方式。表情包是在社交软件活跃之后，形成的一种流行文化，表情包流行于互联网上面，基本人人都会发表情包。在移动互联网时代，人们以时下流行的明星、语录、动漫、影视截图为素材，加上一系列相匹配的文字，用以表达特定的情感。我的学生杨廷秋设计的"火柴人"表情包（图 16.34）风趣幽默，富于感情，深受同学们的喜爱。

图 16.34 "火柴人"表情包

2. 网页动画广告

动画与广告的结合，已成为一种大众喜爱的文化传播形式。动画广告与传统的广告相比，有其自身的规律和适用对象，其形式新颖，有较大的发展空间。作为动画制作者不仅应具备能够设计出动画广告的技术能力，还应有出色的创意表现思想。动画广告是通过媒体软件创意制作的广告，是广告主为企业商业目的服务，传播商品信息，促进商品销售的手段；

树立产品形象和企业形象,改善企业的公共关系,提升企业品牌价值。往往通过互联网、手机等媒体(图 16.35)利用动画的形式发布广告,画面一表现街景,画面二制作下雨效果,画面三巨大的皮鞋从天而降,短短几帧形象地表达了产品的防水特性,这是写实风格的,当然也可以采用动漫的形式,关键在设计思路。

图 16.35 皮鞋网页动画广告

3. 交互动画

交互动画是指在动画作品播放时支持事件响应和交互功能的一种动画,也就是说,动画播放时可以接受某种控制。这种控制可以是动画播放者的某种操作,也可以是在动画制作时预先准备的操作。这种交互性提供了观众参与和控制动画播放内容的手段,使观众由被动接受变为主动选择,比如说鼠标经过按钮,按钮改变颜色和大小等动画效果。感兴趣的可以去"认识"下 Photoshop 的"同门兄弟",另一款软件 An。

课外作业

1. 自选任一形象制作三个动画表情,尺寸 50 mm,分辨率 72 像素 / 英寸,格式 GIF。
2. 为拍摄的视频或视频截图添加一些文字和特效,做一个简单的 GIF 动图。

第十六章

创意广告欣赏

后记

（PS 君，不说再见）

我们终于完成了本书的学习，但对于一个功能无比强大的软件，恐怕没有几个人敢说对它已经完全掌握了，只是根据自己所从事设计行业的不同，掌握了部分功能而已。学无止境，在刚接触 Photoshop 时，你会认为它是"小树林"；而真正走进它时，你会发现它实际上是"原始森林"，总感觉它还有无尽的神奇等待我们去探索。

而掌握了 Photoshop 这个工具也并不意味着就会做设计，不断提高设计修养和设计能力，结合 Photoshop 才会如鱼得水，让设计变得简单。但无论如何，Photoshop 你还离得开吗？所以，PS 君，我们不说再见！

笔者能力所限，错误之处恳请各位同行、学习者批评指正，欢迎致信 470713743@qq.com。

在本书编写过程中，刘富静、陈星宇、胡欣、舒婷庭、李天杰（排名不分先后）等参与了本书部分图片资料整理工作，在此表示诚挚的感谢！

附录：Photoshop 常用快捷键

　　快捷键是 Photoshop 为了提高绘图速度定义的快捷方式，它用一个或几个简单的字母来代替常用的命令，使我们不用去记忆众多的长长的命令，也不必为了执行一个命令，在菜单和工具栏上寻寻觅觅。笔者粗略统计了下有 200 多个，能全部记住的人显然是超人，所以笔者将这些快捷键进行了整理，遴选了一些常用的快捷键，已经是精之又精，希望大家务必注意记忆。

一、工具箱

快捷键	功能	快捷键	功能
"Shift+M"	矩形、椭圆选框工具	"Shift+C"	裁剪工具
"Shift+V"	移动工具	"Shift+T"	文字工具
"Shift+L"	套索、多边形套索、磁性套索	"Shift+P"	钢笔、自由钢笔
"Shift+W"	魔棒工具		

二、文件操作

快捷键	功能	快捷键	功能
"Ctrl + N"	新建图形文件	"Ctrl + S"	保存当前图像
"Ctrl + O"	打开已有的图像	"Ctrl + Shift + S"	另存为…
"Ctrl + W"	关闭当前图像	"Ctrl + P"	打印

三、编辑操作

快捷键	功能	快捷键	功能
"Ctrl + Z"	还原 / 重做前一步操作	"Ctrl + T"	自由变换
"Ctrl + Alt + Z"	一步一步向前还原	"Delete"	删除选框中的图案或选取的路径
"Ctrl + Shift + Z"	一步一步向后重做	"Ctrl + BackSpace" 或 "Ctrl + Delete"	用背景色填充所选区域或整个图层
"Ctrl + C"	复制选取的图像或路径	"Alt + BackSpace" 或 "Alt + Delete"	用前景色填充所选区域或整个图层
"Ctrl + V" 或 "F4"	将剪贴板的内容粘贴到当前图形中		

四、图像调整

快捷键	功能	快捷键	功能
"Ctrl + L"	调整色阶	"Shift" + 点选	选择多个控制点("曲线"对话框中)
"Ctrl + Shift + L"	自动调整色阶	"Ctrl + D"	取消选择所选通道上的所有点("曲线"对话框中)
"Ctrl + Alt + Shift + L"	自动调整对比度	"Ctrl + B"	打开"色彩平衡"对话框
"Ctrl + M"	打开曲线调整对话框	"Ctrl + U"	打开"色相 / 饱和度"对话框

五、图层操作

快捷键	功能	快捷键	功能
"Ctrl + Shift + N"	从对话框新建一个图层	"Ctrl + Alt + J"	从对话框通过复制建立一个图层
"Ctrl + J"	通过复制建立一个图层(无对话框)	"Ctrl + Shift + J"	通过剪切建立一个图层(无对话框)

六、选择功能

快捷键	功能	快捷键	功能
"Ctrl + A"	全部选取	"Ctrl + Alt + D"	羽化选择
"Ctrl + D"	取消选择	"Ctrl + Shift + I"	反向选择
"Ctrl + Shift + D"	重新选择	"Ctrl" + 点选图层、路径、通道面板中的缩略图	载入选区

七、视图操作

快捷键	功能	快捷键	功能
"Ctrl + +"	放大视图	"F5"	显示 / 隐藏笔刷面板
"Ctrl + -"	缩小视图	"F6"	显示 / 隐藏颜色面板
"Space"	通过鼠标移动视图	"F7"	显示 / 隐藏图层面板
"Ctrl + 0"	满画布显示	"F8"	显示 / 隐藏信息面板
"Ctrl + Alt + 0"	实际像素显示	"F9"	显示 / 隐藏动作面板
"PageUp"	向上卷动一屏	"Tab"	显示 / 隐藏所有命令面板
"PageDown"	向下卷动一屏	"Shift + Tab"	显示或隐藏工具箱以外的所有面板

八、文字处理(在字体编辑模式中)

快捷键	功能	快捷键	功能
"Ctrl + T"	显示 / 隐藏字符面板	"Ctrl + Shift + C"	中对齐
"Ctrl + M"	显示 / 隐藏段落面板	"Ctrl + Shift + R"	右对齐或底对齐
"Ctrl + Shift + L"	左对齐或顶对齐		